全钒液流电池用
磺化聚酰亚胺隔膜材料

张亚萍　李劲超　陈　良　等　著

科学出版社
北　京

内 容 简 介

本书介绍了全钒液流电池隔膜材料的概况、研究方法，几种磺化聚酰亚胺隔膜材料的制备、优化及其在全钒液流电池中的应用。可以为新型芳香高分子隔膜材料的研究开发及全钒液流电池的大规模商业化提供理论支持和实践参考。

本书可供高分子、材料等相关专业的教学与科研人员以及从事全钒液流电池行业的专业人员阅读和参考。

图书在版编目（CIP）数据

全钒液流电池用磺化聚酰亚胺隔膜材料 / 张亚萍等著. —北京：科学出版社，2024.6

ISBN 978-7-03-078491-9

Ⅰ. ①全… Ⅱ. ①张… Ⅲ. ①钒–化学电池–磺化–聚酰亚胺–隔膜材料 Ⅳ. ①TB39

中国国家版本馆 CIP 数据核字（2024）第 092668 号

责任编辑：张淑晓 / 责任校对：杜子昂

责任印制：赵　博 / 封面设计：东方人华

科学出版社 出版

北京东黄城根北街 16 号

邮政编码：100717

http://www.sciencep.com

北京华宇信诺印刷有限公司印刷

科学出版社发行　各地新华书店经销

*

2024 年 6 月第　一　版　开本：720×1000　1/16

2025 年 1 月第二次印刷　印张：8

字数：160 000

定价：98.00 元

（如有印装质量问题，我社负责调换）

前　言

随着社会经济的快速发展，人们对能源的需求日益增加，不可再生资源(例如：煤炭、石油、天然气等)的短缺以及对其过度使用所产生的污染已成为世界各国共同关注的热门话题。同时，能源的严重不足将成为经济持续发展和人民生活水平提高的瓶颈。因此，对绿色可再生能源(例如：太阳能、潮汐能、风能等)的开发利用得到了全球科研人员的高度重视。然而，这些新型可再生能源会受到时间、温度、季节、昼夜等外在因素的影响，导致在发电过程中出现明显的不稳定性、不连续性，难以直接接入电网实现连续稳定的电能输出。配备储能系统是解决可再生能源发电非稳态特性的重要手段，也是解决电力系统供需矛盾、保证新能源合理利用、高效智能电网稳定运行的关键技术。在众多储能系统中，全钒液流电池(VFB)具有本质安全、容量和功率可调、大电流无损深度放电、使用寿命长和无环境污染等优势。目前，VFB 在国内已进入商业示范运行和市场开拓阶段。

隔膜作为 VFB 的关键组件之一，其功能主要包括以下两方面：(1)阻止正负极电解液中不同价态钒离子交叉渗透，避免电池内部短路；(2)构建电池内部电荷载体离子的通道，允许用于平衡电荷的特定离子(例如：H^+、SO_4^{2-}、HSO_4^- 等)的通过，形成完整的闭合回路。目前，VFB 广泛使用的隔膜是具有较高质子传导率、优异稳定性等优点的全氟磺酸膜，如美国杜邦公司生产的 Nafion 系列膜。然而，其阻钒性差、质子选择性低，导致 VFB 在充放电过程中正负极电解液中的钒离子易于交叉渗透，从而导致自放电严重、库仑效率和能量效率降低。此外，其售价昂贵(每平方米约 600～800 美元，其成本占整个电堆的 40%)，且完全依赖进口，对我国 VFB 的大规模商业化形成了“卡脖子”难题。因此，亟待开发可替代 Nafion 膜的新型隔膜材料。

本书通过亲核取代、硝化和还原等经典有机反应，将冠醚和亚氨基等特殊官能团以及亲水交联结构等引入到磺化聚酰亚胺(SPI)结构中，构筑了一系列新型性能优异且成本合理的面向 VFB 的 SPI 基隔膜，并对所制备的 SPI 基隔膜的理化性能、电池效率和化学稳定性等进行了全面表征与分析。该类膜通常具有阻钒性优异、质子选择性高、成膜性好、结构设计灵活、原料价格合理等优点。与 Nafion 膜相比，SPI 膜可使电池展现出更高的库仑效率和能量效率、更慢的自放电速度，表明其在 VFB 中具有较大的应用潜力。

全书共 8 章，第 1 章由西南科技大学李劲超副教授执笔，第 2 章由西南科技大学陈良博士执笔，第 3 章由西南科技大学雷洪副教授和林晓艳教授执笔，第 4 章由西南科技大学魏勇博士和山东天维膜技术有限公司傅荣强博士执笔，第 5 章由四川东材新材料有限责任公司王明博士和梁倩倩博士执笔，第 6 章由四川伟力得能源股份有限公司陈继军高级工程师和左长江高级工程师执笔，第 7 章由江苏亚宝绝缘材料股份有限公司宋成根高级经济师和鲁爱兵高级工程师执笔，第 8 章由内江师范学院黄文恒博士和西南交通大学曾义凯教授执笔。全书由张亚萍教授、李劲超副教授和陈良博士统稿，研究生龙俊和李慧婷参与收集和整理材料工作。

本书的研究工作是在国家自然科学基金项目(21878250，22108230，U20A20125)，四川省自然科学基金(2023NSFSC0303，2024NSFJQ0063)，中国博士后科学基金(2020M683307)，西南科技大学博士科研基金(18zx7133)，西南科技大学龙山学术人才支持计划(17LZX402，18LZX441)的支持下完成的。书中大量工作得到西南科技大学材料与化学学院、生物质材料教育部工程研究中心、环境友好能源材料国家重点实验室、四川东材科技集团股份有限公司、四川东材新材料有限责任公司、四川伟力得能源股份有限公司、江苏亚宝绝缘材料股份有限公司、山东天维膜技术有限公司等单位的支持，在此表示由衷的感谢。

本书以简明直接、科学客观以及严谨的态度，对所得实验数据进行合理分析，揭示实验规律。希望本书的出版能够对 VFB 用隔膜材料方面的研究有所帮助，为推动 VFB 商业化进程提供理论支持与实践参考。

由于水平有限，书中可能存在疏漏之处，敬请读者批评指正。

作　者

2024 年 1 月

目　录

第 1 章　全钒液流电池隔膜材料概述

面向“碳达峰”和“碳中和”的需求，须持续推进能源结构调整，大力发展可再生能源(如：太阳能、风能等)。但可再生能源存在不确定性、不连续性和时空局限性，为电力系统的稳定输出带来了巨大挑战[1,2]。因此，高效的能源储存转换系统对于可再生能源的利用具有十分重要的意义。在众多储能系统中，全钒液流电池(all vanadium flow battery，VFB)具有下列优势：本质安全，运行可靠，生命周期环境友好；输出功率和储能容量相互独立，设计和安装灵活，适用于大规模、大容量、长时储能；能量转换效率高，启动速度快，无相变化，充放电状态切换响应迅速；采用模块化设计，易于系统集成和规模放大；具有很好的过载能力，充放电没有记忆效应，具有很好的深度放电能力[3,4]；等等。

1.1　全钒液流电池概述

钒元素的原子序数为 23，价电子结构为 $3d^34s^2$，位于第四周期ⅤB 族，其主要的离子存在形态有 V^{2+}(紫色)、V^{3+}(绿色)、VO^{2+}(蓝色)和 VO_2^+(黄色)。上述价态钒离子电对的标准电极电位如图 1-1 所示：

$$VO_2^+ \xrightarrow{1.004\ V} VO^{2+} \xrightarrow{0.337\ V} V^{3+} \xrightarrow{-0.255\ V} V^{2+}$$

图 1-1　钒离子的电极电位

其中，VO_2^+/VO^{2+}和 V^{3+}/V^{2+}电对之间的电位差约为 1.259 V，这一特点成为 VFB 发展的理论基础。

其充电过程是在负极侧的 V(Ⅲ)被还原成 V(Ⅱ)，正极侧的 V(Ⅳ)被氧化成

V(Ⅴ)；放电过程则是负极侧的 V(Ⅱ)被氧化成 V(Ⅲ)，正极侧的 V(Ⅴ)被还原成 V(Ⅳ)。在充放电循环过程中，实现化学能与电能之间的相互转化。电解液是由不同价态钒离子溶液组成，即使电解液之间存在交叉渗透的现象，也仅为电解液内钒离子价态相互转化，不存在电解液被污染的情况。其电化学反应如下：

充电过程：

$$正极\ VO^{2+} + H_2O \rightarrow VO_2^{+} + 2H^{+} + e^{-}$$

$$负极\ V^{3+} + e^{-} \rightarrow V^{2+}$$

放电过程：

$$正极\ VO_2^{+} + 2H^{+} + e^{-} \rightarrow VO^{2+} + H_2O$$

$$负极\ V^{2+} \rightarrow V^{3+} + e^{-}$$

全钒液流电池与锂电池、铅酸电池等二次电池的性能对比[5]如表 1-1 所示。

表 1-1　全钒液流电池与其他主流电池的性能对比[5]

电池类型	能量密度(W · h/kg)	循环寿命(次)	能量效率(%)	放电深度(%)	响应时间(ms)	环境影响	工作温度(℃)	安全性能	全寿命周期净成本[元/(kW · h)]
全钒液流电池	12～470	>20000	70～75	100	<1	小	5～40	较安全	约 0.3
铅酸电池	30～40	约 400	70～80	<70	<1	大	−30～60	铅污染	约 0.5
锂电池	80～300	约 2000	85～95	<85	<1	中	−20～6	过热爆炸危险	约 0.5
钠硫电池	150～3300	约 2500	75～100	<90	<1	中	300～350	钠泄露风险	约 1.1

从表 1-1 可以看出，与锂电池、铅酸电池等相比，尽管全钒液流电池在能量密度、能量效率等方面目前还处于相对劣势的水平，但在循环寿命、安全性以及全寿命周期净成本上具有较大优势。

全钒液流电池凭借自身独特的性能优势在不同场景展现出优异的应用潜力[5]。

1. 电源侧。主要用作风力、太阳能等新型间歇性发电系统的储能，实现可再生能源并网。风光发电功率不稳定，易引起电网波动，造成并网难度大，弃风弃光情况较为严重，全钒液流电池可用于收集这些不连续、不稳定的清洁能源并储存起来，以增加能源收集。辽宁省沈阳市卧牛石风场 5 MW/10 MW · h 全钒液流电池储能系统是当时世界上第一套实际并网运行的 5 MW 级液流电池储能系统，该储能系统在稳定风电场输出和提高风电供电可靠性等方面发挥了重要作用。

2. 电网侧。主要用于电网的削峰填谷：在电网低负荷时，将多余电能储存起来，高负荷时作为辅助电源向电网输入电能，从而平衡电网负荷，提高电网的稳定性和可靠性。此外，相比于抽水蓄能，全钒液流电池在选址方面具有较大优势——选址自由，占地少，维护成本低。辽宁省大连市 200 MW/800 MW · h 全钒液流电池储能调峰电站，是迄今全球功率最大、容量最大的全钒液流电池储能调峰电站，一期工程(100 MW/400 MW · h)已成功并网。该调峰电站为电网提供调峰、调频等辅助服务，相当于大连市的“电力银行”，实现了电网系统的削峰填谷。

3. 工商用户侧。对于大型用电型企业用户或工业园区，用于分时电价场景，储存低电价电能，在高电价时间使用，如华东等电价较高地区。也可作为偏远地区、孤岛区域的储能和发电系统，以及大型应急储能企业用户如电信枢纽中心、大数据中心等的备用电源。湖北省枣阳市 10 MW 光储用一体化示范项目，实现了工业园多能互补；湖北平凡矿业有限公司园区依靠该储能系统，利用电力峰谷差价获益，为企业减少电费开支并适时为电网提供辅助服务。

据不完全统计，截至 11 月，2022 年国内全钒液流电池新建年产能超过 2 GW · h，在建产能超过 4 GW · h，规划产能超过 6 GW · h；钒电池电解液在建年产能 $9.2\times10^4\ m^3$，规划年产能超过 $8.9\times10^5\ m^3$。2021 年以来，国内已有数个大型全钒液流电池项目启动，表 1-2 列出了部分项目[5]。

表 1-2　国内部分全钒液流电池项目[5]

项目名称	功率/容量
大连全钒液流电池储能调峰电站国家示范项目	100 MW/400(MW · h) [总规模 200 MW/800(MW · h)]
国网盐城射阳港全钒液流储能电站	20 MW/100(MW · h)
国家电投湖北全钒液流电池储能电站项目	100 MW/500(MW · h)
大唐中宁共享储能项目	100 MW/400(MW · h)

续表

项目名称	功率/容量
中广核全钒液流集中式储能电站	100 MW/200(MW · h)
北京普能世纪湖北襄阳全钒液流电池集成电站项目	100 MW/500(MW · h)
宁夏伟力得电网侧新能源共享储能电站项目	200 MW/800(MW · h)
湖北枣阳 10 MW 全钒液流储能电站示范项目	10 MW/40(MW · h)
寰泰储能全钒液流储能全产业链项目	100 MW/500(MW · h)
上海电气盐城立铠储能电站项目	300 MW · h

全钒液流电池主要由电极、隔膜、双极板、电解液、电解液储罐与供应系统、电源负载系统等部分组成，其结构如图 1-2 所示。隔膜作为全钒液流电池的关键组件之一，其功能主要包括以下两方面：(1)阻止正负极电解液中不同价态钒离子交叉渗透，避免电池内部短路，从而抑制电池自放电，提高电池效率，并延长电池的使用寿命；(2)构建电池内部电荷载体离子的通道，允许用于平衡电荷的特定离子(例如：H^+、SO_4^{2-}、HSO_4^-等)的通过，使电池形成一个完整的闭合回路，保证两极之间的电荷平衡。理想的隔膜材料应具有优异的质子传导率和化学稳定性以及阻钒性能，以满足 VFB 的应用要求[6]。

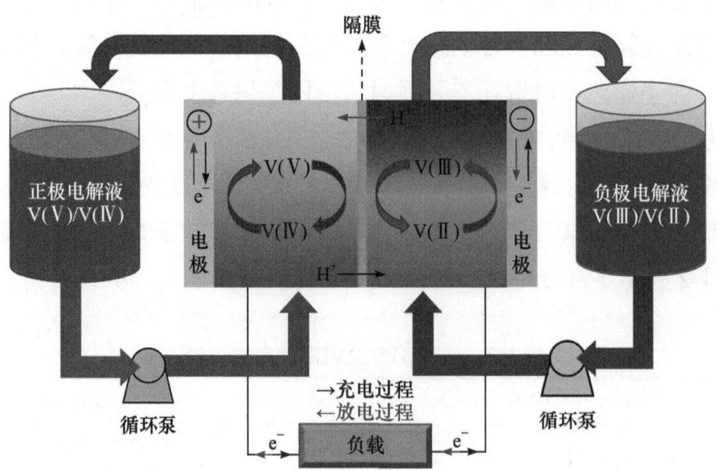

图 1-2　VFB 结构示意图*

* 扫描封底二维码可见本图彩图。全书同。

1.2　全氟磺酸隔膜材料概述

目前，在 VFB 中广泛应用的隔膜为全氟磺酸隔膜，如美国杜邦公司生产的 Nafion 系列隔膜。Nafion 是以聚四氟乙烯结构为骨架，以末端带有磺酸基团($—SO_3H$)的聚醚结构为侧链的全氟聚合物，其结构式如图 1-3 所示。疏水性的 C—F 键键能高(485 kJ/mol)，键长短，同时强负电性的氟原子之间相互排斥，紧紧围绕在锯齿状的 C—C 键主链周围，并且呈现螺旋形状的规则分布，形成一种氟保护层，具有很低的表面自由能，这也是全氟磺酸隔膜具有非常优良的力学、热学及化学稳定性能的主要原因[7,8]。此外，Nafion 隔膜中的柔性亲水侧链和疏水全氟主链形成连续的离子通道网络。基于此通道网络，Gierke 等[9]提出了经典的团簇-网络模型(图 1-4)。此模型中，磺化离子团簇，也称反胶束，其直径为 4.0 nm，呈均匀分布。在连续的氟碳晶格中，直径为 1.0 nm 的窄通道将团簇依次连接，形成连续的质子传输通道，因此 Nafion 隔膜具有优异的质子传导率。然而，因其溶胀性与较大的团簇直径，钒离子的交叉渗透难以避免，Nafion 的质子选择性较差，从而导致较低的库仑效率。

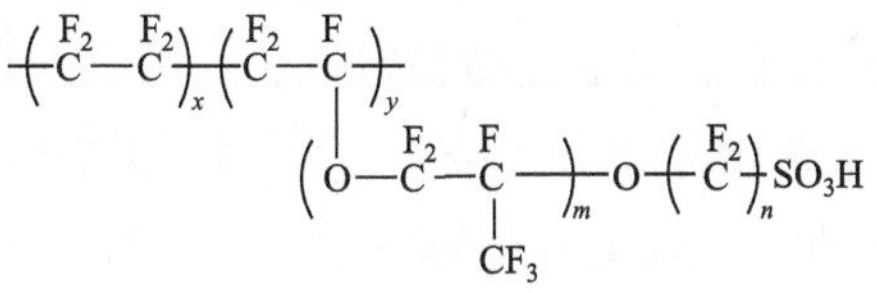

$$-\!\left(CF_2-CF_2\right)_x\!\left(CF_2-\underset{\displaystyle O\left(CF_2-\underset{\displaystyle CF_3}{CF}\right)_m O\left(CF_2\right)_n SO_3H}{CF}\right)_y\!-$$

图 1-3　Nafion 隔膜的化学结构式

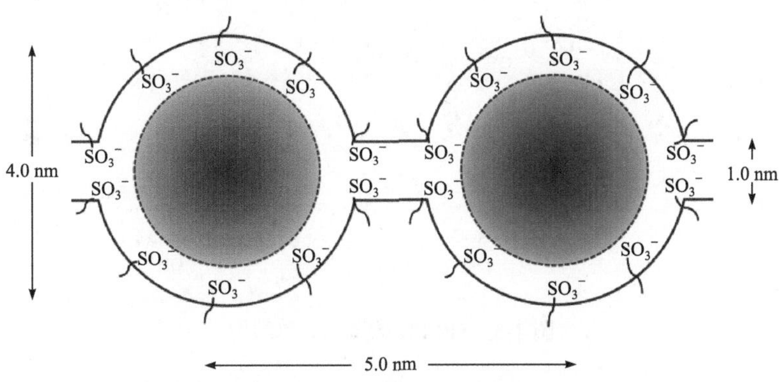

图 1-4　Nafion 隔膜的团簇-网络模型[9]

针对 Nafion 隔膜的缺点与不足，科研人员通过无机材料对 Nafion 隔膜进行修饰改性，旨在阻断其大尺寸亲水簇，抑制钒离子交叉渗透。修饰策略包括引入亲水 TiO_2 纳米管[10]、低界面电阻的碳纳米管[11]、WO_3 纳米填料[12]等。此外，还可将 Nafion 与有机材料复合，包括 PTFE[13]、PVDF[14]等，以提高电池性能。

1.3 芳香高分子隔膜材料概述

尽管科研人员对 Nafion 隔膜开展了诸多改性探究，其高昂的价格以及进口“卡脖子”等问题，依然阻碍 VFB 的商业化进程。因此，科研人员将目光聚焦于成本合理且综合性能良好的芳香高分子隔膜，并开展了大量相关研究，旨在替代 Nafion 隔膜，降低 VFB 整体成本。

1.3.1 磺化聚醚醚酮隔膜材料

磺化聚醚醚酮[sulfonated poly(ether ether ketone)，SPEEK]，由醚和酮官能团连接芳香环构成骨架，具有优良的机械稳定性、热稳定性和化学稳定性。SPEEK 具有与 Nafion 相似的亲疏水微相分离结构，其结构如图 1-5 所示[15]。由球状离子簇的—SO_3H 基团构成的亲水域负责传导质子；疏水性的 PEEK 骨架负责提高机

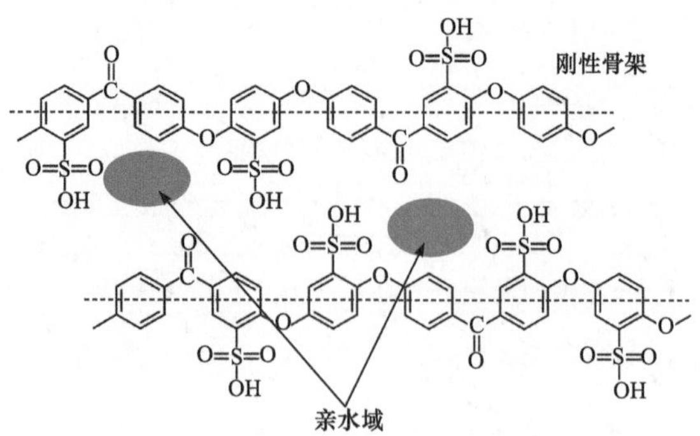

图 1-5 SPEEK 的微相分离结构

械性能。随着含水量的增加，球状离子簇增大并相互连接，形成连续的质子传输通道[16,17]。但与 Nafion 不同，SPEEK 的微相分离较弱，亲水域通道更加曲折，不易形成连通的亲水区域[18]。

PEEK 几乎不溶于任何有机溶剂，经过磺化后，其结晶度降低、溶解度提升，有利于其作为质子交换膜的制备和改性。SPEEK 的制备方法通常分为后磺化法和磺化单体直接共聚法。

后磺化法是选用适当的磺化试剂对商品化的 PEEK 在一定的条件下进行磺化。常用的磺化试剂包括浓硫酸[19]、氯磺酸[20]、三氧化硫或三氧化硫络合物等[21,22]。在磺化试剂的作用下，利用亲电取代反应，在与 PEEK 中醚键相连的苯环上引入磺酸基团。含有磺酸基团的链段在聚合物链段中所占的比例定义为 SPEEK 的磺化度(degree of sulfonation，DS)。SPEEK 的磺化度可以通过改变磺化反应的时间、温度和选择不同的磺化试剂等进行有效调控。虽然后磺化法是目前最为常用的方法，但是也存在一些缺点。例如，产物 SPEEK 的磺化度难以精确控制，磺化剂多为强氧化剂，在较高温度下 PEEK 容易发生链段降解和交联等副反应[23]。

磺化单体直接共聚法是先将磺酸基团引入到小分子单体中，得到具有不同结构的磺化单体，与非磺化单体进行共聚后得到 SPEEK。与后磺化法相比，磺化单体直接共聚法具有以下优势：(1)可通过控制磺化单体与非磺化单体的比例来精确控制 SPEEK 的磺化度；(2)可避免聚合物在后磺化过程中出现的分子链降解和副反应的发生；(3)可通过改变磺化单体的结构类型得到结构多样的 SPEEK；(4)可通过控制磺化单体中磺酸基团的位置，进一步提高 SPEEK 质子交换膜的性能。但是，磺化单体直接共聚法存在以下缺点：(1)不容易制得分子量较高的 SPEEK；(2)磺化单体的合成及纯化困难；(3)制备工艺复杂烦琐。

1.3.2　磺化聚砜隔膜材料

磺化聚砜(sulfonated polysulfone, SPSF)，是分子主链中含有砜基(—SO_2—)和亚芳基的热塑性高分子，具有良好的热稳定性和机械强度，其结构如图 1-6 所示。目前，主要采用后磺化法通过氯磺酸等磺化剂对聚砜主链进行磺化处理。然而，当磺化度增加时，隔膜的吸水性增强，在提高质子传输能力的同时，也会导致过度溶胀，从而诱使机械性能下降，降低其尺寸稳定性。此外，高度磺化的质子膜也会促使钒离子的渗透率增大，严重影响钒电池循环使用过程的长期稳定性。研究发现，通过与非磺化聚合物共混制备的复合隔膜对质子传导能力有负面影响[24]，因此，提高磺酸基团的含量或促进酸碱对的形成，从而实现质子膜物理化学性能的调控被认为是一种行之有效的方法[25]。这样不仅可增强单一质子膜的质子传导能力，而且也可以构建稳定的质子传输通道，实现电池的稳定应用。

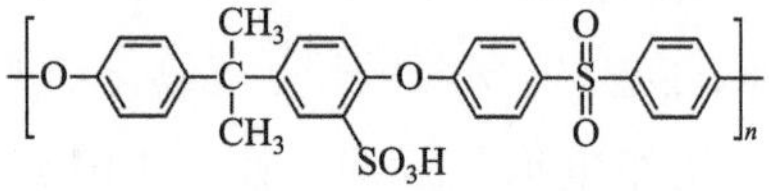

图 1-6　SPSF 的化学结构

溶液浇铸法制得的 SPSF 隔膜在机械强度、气体渗透性方面与 Nafion 隔膜相近，但其电池性能与 Nafion 隔膜还存在一定差距，有很大的提升空间。其中，SPSF 质子交换膜存在钒离子渗透率较高以及稳定性差等问题，致使其在全钒液流电池应用时库仑效率较低，所以如何进一步提升 SPSF 的阻钒性就成为当前要解决的关键问题。

1.3.3　磺化聚苯并咪唑隔膜材料

磺化聚苯并咪唑(sulfonated polybenzimidazole，SPBI)是以苯并咪唑基为特征基团的聚合物，阻钒性能与化学稳定性优异，其结构如图 1-7 所示。聚苯并咪唑(PBI)本身不含有离子交换基团，但经过磺化或酸掺杂之后，质子传导率会有显著提升。此外，PBI 致密的刚性骨架结构以及五元咪唑环的道南(Donnan)排斥效应†，能够有效抑制钒离子的交叉渗透[26]。

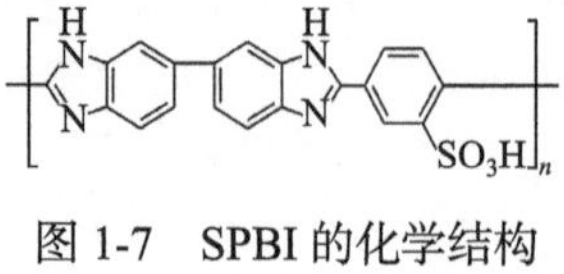

图 1-7　SPBI 的化学结构

† 道南(Donnan)排斥效应：当全钒液流电池用隔膜分子的主链上具有荷正电的官能团，它会与两极电解液中荷正电的钒离子发生静电排斥作用，从而抑制钒离子的交叉渗透，提高隔膜的阻钒能力。

未经处理的 PBI 高分子膜，内阻较大，其中的咪唑基团含有带负电的氮原子，能够在酸性条件下质子化，与硫酸或磷酸进行酸掺杂可提高其质子传导性能[27]。通常，对于酸掺杂制备 PBI 质子交换膜，可以通过提高酸掺杂程度来提升质子交换膜的质子传导率。基于磷酸掺杂的 PBI 隔膜，质子的传导主要遵循 Grotthuss 机理，质子通过载体分子间进行传递，如图 1-8 所示，质子可在磷酸-磷酸、磷酸-水、磷酸-咪唑环等之间进行传递。

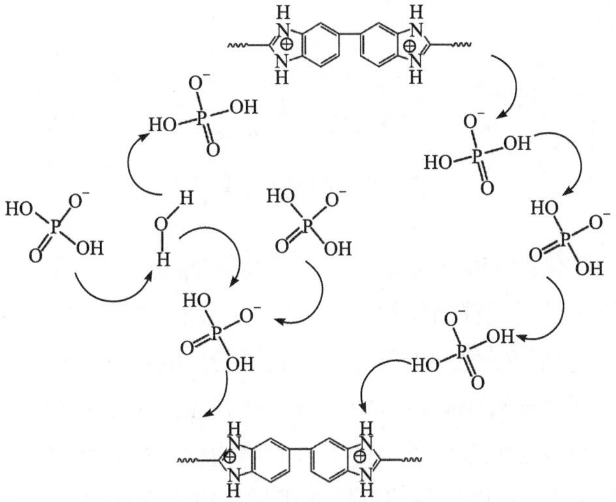

图 1-8　酸掺杂 PBI 隔膜的传质机理

近几年，为了提高 PBI 膜的质子传导率和电压效率，科研人员尝试对其进行改性，主要包括主链的接枝、在聚合物之间形成交联或添加无机填料等，但是对于如何进一步提高质子传导率、降低面电阻还需进行更深入的思考与研究，此外，平衡质子传导率和钒离子阻隔性也是一个重大研究课题。

1.3.4　磺化聚酰亚胺隔膜材料

磺化聚酰亚胺(sulfonated polyimide，SPI)，是指主链上含有酰亚胺环(—CO—NH—CO—)的一类聚合物，因其良好的成膜性和优异的阻钒性能备受关注。通过传统的缩聚策略，以二胺单体与二酐单体为原料，通过调整单体的结构与配比，能够制备出性能各异的 SPI 高分子，其基本结构如图 1-9 所示。亚胺环使得磺化聚酰亚胺分子链产生偶极作用，同时形成多种共轭结构，其刚性较强[28]。同时，苯环和亚胺环的存在增加了分子链间的作用力，使得 SPI 具有优异的热稳定性。此外，五元酰亚胺环在酸性介质中稳定性较差[29]，而且在主链连接—SO_3H 基团后显著提升的吸水能力进一步降低五元酰亚胺环的稳定性，导致其在水中水解变脆，甚至碎裂。而六元酰亚胺环因其更优的化学稳定性备受关注。由于在商业化的六元环酸酐单体中，1,4,5,8-萘四甲酸二酐(NTDA)具有较高的反应活性[30]，因此大多数 SPI 膜均以 NTDA 为单体制备而成。

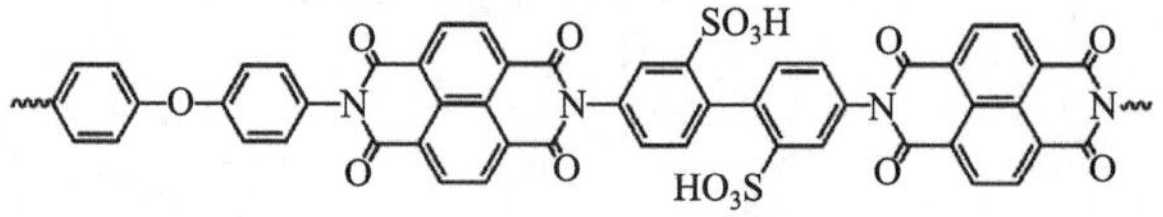

图 1-9　SPI 的化学结构

然而，未经优化的 SPI 膜通常存在质子传导能力较弱和化学稳定性不足等问题。通常，科研人员通过提高隔膜中—SO_3H 基团的含量来提高 SPI 隔膜的质子传导率，然而，过高的磺化度不仅大幅提高隔膜的吸水性，也会使隔膜表现出严重的溶胀现象，甚至导致隔膜在水中碎裂，使其无法满足实际应用的基本要求。因此科研人员主要以功能单体[31-33]的引入与结构设计的优化[34,35]为切入点，针对 SPI 的缺陷有的放矢，从而制备综合性能优异且成本合理的 SPI 隔膜。

参 考 文 献

[1] 孙丽华. 基于双碳背景的高比例可再生能源电力系统. 中国科技信息, 2023, 14: 117-119.

[2] Xiong P, Zhang L Y, Chen Y Y, Peng S S, Yu G H. A chemistry and microstructure perspective on ion conducting membranes for redox flow batteries. Angew Chem Int Ed, 2021, 60: 2-31.

[3] Li J C, Liu J, Xu W J, Long J, Huang W H, Zhang Y P, Chu L Y. Highly ion-selective sulfonated polyimide membranes with covalent self-crosslinking and branching structures for vanadium redox flow battery. Chem Eng J, 2021, 437: 135414.

[4] Zhang Y X, Wang H X, Qian P H, Zhang L, Zhou Y, Shi H F. Hybrid proton exchange membrane of sulfonated poly(ether ether ketone) containing polydopamine-coated carbon nanotubes loaded phosphotungstic acid for vanadium redox flow battery. J Membr Sci, 2021, 625: 119159.

[5] 牟俊, 肖艳, 毛柠. 浅析国内钒电池产业现状及发展趋势. 四川化工, 2023, 26: 4-8.

[6] Zhang M M, Wang G, Li F, He Z H, Zhang J, Chen J W, Wang R L. High conductivity membrane

containing polyphosphazene derivatives for vanadium redox flow battery. J Membr Sci, 2021, 630: 119322.

[7] Schmidt-Rohr K, Chen Q. Parallel cylindrical water nanochannels in Nafion fuel-cell membranes. Nat Mater, 2008, 7: 75-83.

[8] Shi Y, Eze C K, Xiong B Y, He W D, Zhang H, Lim T M, Ukil A, Zhao J Y. Recent development of membrane for vanadium redox flow battery applications: A review. Appl Energy, 2019, 238: 202-224.

[9] Hsu W Y, Gierke T D. Ion transport and clustering in Nafion perfluorinated membranes. J Membr Sci, 1983, 13: 307-326.

[10] Ye J Y, Zhao X L, Ma Y L, Su J, Xiang C J, Zhao K Q, Ding M, Jia C K, Sun L D. Hybrid membranes dispersed with superhydrophilic TiO_2 nanotubes toward ultra-stable and high-performance vanadium redox flow batteries. Adv Energy Mater, 2020, 22: 1904041.

[11] Wang T S, Lee J, Wang X F, Wang K, Bae C, Kim S. Surface-engineered Nafion/CNTs nanocomposite membrane with improved voltage efficiency for vanadium redox flow battery. J Appl Polym Sci, 2022, 7: 51628.

[12] Sun C Y, Negro E, Nale A, Pagot G, Vezzu K, Zawodzinski T A, Meda L, Gambaro C, Noto V D. An efficient barrier toward vanadium crossover in redox flow batteries: The bilayer [Nafion/$(WO_3)_x$] hybrid inorganic-organic membrane. Electrochim Acta, 2021, 378:138133.

[13] Teng X G, Dai J C, Su J, Zhu Y M, Liu H P, Song Z G. A high performance polytetrafluoroethene/Nafion composite membrane for vanadium redox flow battery application. J Power Sources, 2013, 240: 131-139.

[14] Yang X Q, Zhu H J, Jiang F J, Zhou X J. Notably enhanced proton conductivity by thermally-induced phase-separation transition of Nafion/poly(vinylidene fluoride) blend membranes. J Power Sources, 2020, 473: 228586.

[15] Byun G H, Kim J A, Kim N Y, Cho Y S, Park C R. Molecular engineering of hydrocarbon membrane to substitute perfluorinated sulfonic acid membrane for proton exchange membrane fuel cell operation. Mater Today Energy, 2020, 17: 100483.

[16] Wu X M, Wang X W, He G H, Benziger J. Differences in water sorption and proton conductivity between Nafion and SPEEK. J Polym Sci, 2021, 20: 1437-1445.

[17] Xie J, Wood D L, Wayne D M, Zawodzinski T A, Atanassov P, Borup R L. Durability of PEFCs at high humidity conditions. J Electrochem Soc, 2005, 1: A104-A113.

[18] Kreuer K D. On the development of proton conducting polymer membranes for hydrogen and methanol fuel cells. J Membr Sci, 2001, 1: 29-39.

[19] Jia C K, Cheng Y H, Ling X, Wei G J, Liu J G, Yan C W. Sulfonated poly(ether ether

ketone)/functionalized carbon nanotube composite membrane for vanadium redox flow battery applications. Electrochim Acta, 2015, 153: 44-48.

[20] Lee J, Marvel C S. Polyaromatic ether - ketone sulfonamides prepared from polydiphenyl ether - ketones by chlorosulfonation and treatment with secondary amines. J Polym Sci, 1984, 22: 295-301.

[21] Johnson B C, Yilg R I, Tran C. Synthesis and characterization of sulfonated poly(acrylene ether sulfones). Polym Chem Ed, 1984, 22: 721-737.

[22] Litter M I, Marvel C S. Polyaromatic ether-ketones and polyaromatic ether-ketone sulfonamides from 4-phenoxybenzoyl chloride and from 4,4′-dichloroformyldiphenyl ether. J Polym Sci, 1985, 23: 2205-2223.

[23] Zaidi S M J, Mikhailenko S D, Robertson G P, Guiver M D, Kaliaguine S. Proton conducting composite membranes from polyether ether ketone and heteropolyacids for fuel cell applications. J Membr Sci, 2000, 173: 17-34.

[24] Ling X, Jia C K, Liu J G, Yan C W. Preparation and characterization of sulfonated poly(ether sulfone)/sulfonated poly(ether ether ketone) blend membrane for vanadium redox flow battery. J Membr Sci, 2012, 415-416: 306-312.

[25] Bi H P, Wang J L, Chen S W, Hu Z X, Gao Z L, Wang L J, Okamoto K I. Preparation and properties of cross-linked sulfonated poly(arylene ether sulfone)/sulfonated polyimide blend membranes for fuel cell application. J Membr Sci, 2010, 350: 109-116.

[26] Che X F, Zhao H, Ren X R, Zhang D H, Wei H, Liu J G, Zhang X, Yang J S. Porous polybenzimidazole membranes with high ion selectivity for the vanadium redox flow battery. J Membr Sci, 2020, 611: 118359-118369.

[27] Song X P, Ding L M, Wang L H, He M, Han X T. Polybenzimidazole membranes embedded with ionic liquids for use in high proton selectivity vanadium redox flow batteries. Electrochim Acta, 2019, 295: 1034-1043.

[28] Kausar A. Progression from polyimide to polyimide composite in proton-exchange membrane fuel cell: A review. Polym Plast Technol Mater, 2017, 56: 1375-1390.

[29] Genies C, Mercier R, Sillion B, Petiaud R, Cornet N, Gebel G, Pineri M. Stability study of sulfonated phthalic and naphthalenic polyimide structures in aqueous medium. Polymer, 2001, 42: 5097-5105.

[30] Genies C, Mercier R, Sillion B, N. Cornet N, Gebel G, Pineri M. Soluble sulfonated naphthalenic polyimides as materials for proton exchange membranes. Polymer, 2001, 42: 359-373.

[31] Long J, Yang H Y, Wang Y L, Xu W J, Liu J, Luo H, Li J C, Zhang Y P, Zhang H P. Branched sulfonated polyimide/sulfonated methylcellulose composite membrane with remarkable proton

conductivity and selectivity for vanadium redox flow battery. ChemElectroChem, 2020, 7: 937-945.

[32] Wang L, Yu L H, Mu D, Yu L W, Wang L, Xi J Y. Acid-base membranes of imidazole-based sulfonated polyimides for vanadium flow batteries. J Membr Sci, 2018, 552: 167-176.

[33] Long J, Xu W J, Xu S B, Liu J, Wang Y L, Luo H, Zhang Y P, Li J C, Chu L Y. A novel double branched sulfonated polyimide membrane with ultra-high proton selectivity for vanadium redox flow battery. J Membr Sci, 2021, 628: 119259.

[34] Li J C, Xu W J, Huang W H, Long J, Liu J, Luo H, Zhang Y P, Chu L Y. Stable covalent cross-linked polyfluoro sulfonated polyimide membranes with high proton conductance and vanadium resistance for application in vanadium redox flow batteries. J Mater Chem A, 2021, 9: 24704-24711.

[35] Yang P, Long J, Xuan S S, Wang Y L, Zhang Y P, Li J C, Zhang H P. Branched sulfonated polyimide membrane with ionic cross-linking for vanadium redox flow battery application. J Power Sources, 2019, 438: 226993.

第 2 章　全钒液流电池隔膜材料研究方法

隔膜作为 VFB 关键组件之一，其结构、形貌和理化性能至关重要，直接影响 VFB 电池效率。不同的分子结构使得隔膜的理化性能各有侧重，而所得数据规律能够更好地指导分子结构的设计思路。本章将详细介绍隔膜材料的化学结构、形貌、理化性能、电池性能等的研究方法。

2.1　单体及隔膜材料的化学结构表征

傅里叶变换红外光谱(FTIR)是分子中不同基团吸收红外光后得到不同位置、强度、形状的谱带。通过这些谱带与温度、聚集状态等的关系便可以确定分子的空间构型，利用特征吸收谱带的频率推断官能团的存在，可以确定试样的分子结构是否和理论结构一致。对单体和隔膜材料的红外表征是将所合成的单体与溴化钾(KBr)混合，充分碾磨后将其压制成半透明薄片，在室温下对其进行定性检测，以 KBr 研磨片作为背景，扫描范围是 4000～700 cm^{-1}。所制备的隔膜的分子结构，通过傅里叶变换红外光谱仪中单反射衰减全反射(ATR-FTIR)附件测试获得，以空气作为背景，扫描范围为 4000～500 cm^{-1}。

通过核磁共振氢谱(^1H NMR)确定结构式和样品纯度。在 ^1H NMR 测试中，出峰位置对应不同化学环境的 H 原子种类，而出峰的相对强度或积分面积，则对应某种化学环境下的 H 原子数量。测定方法是称取一定量待测样品(单体和隔膜)，充分溶解在氘代试剂中，内标剂四甲基硅烷作为化学位移的标尺。

X 射线光电子能谱(XPS)除了可以根据测得的电子结合能确定样品的化学成分外，其最重要的应用在于确定元素的化合状态。XPS 可以分析导体、半导体甚至绝缘体表面的价态，这也是 XPS 的一大特色，是区别于其他表面分析方法的主要特点。此外，配合离子束剥离技术和变角 XPS 技术，还可以进行隔膜材料的深度分析和界面分析。使用一束 X 射线对样品表面进行激发，检测受试部分几个纳米深度的表面层发出的电子的动能，从而得到 XPS 谱图。该光电子能谱出现的谱峰为原子中一定特征能量电子的发射峰。XPS 可用于定性分析和半定量分析所有表面元素(H 和 He 元素除外)，一般从 XPS 图谱的峰位和峰形获得样品表面元素成分、化学态和分子结构等信息，从峰强可获得样品表面元素含量或浓度。以单色 Al Kα为 X 射线激发光源，测试电压为 12000.0 V，测试电流为 6 mA。

2.2　隔膜材料的形貌表征

扫描电子显微镜(SEM)利用高能电子束来扫描隔膜样品，通过光束与物质间的相互作用，来激发各种物理信息，对这些信息收集、放大、再成像以达到对物质微观形貌表征的目的，用于观察隔膜的表面以及断面形貌。可以分析材料断面可能具有的三维形态，能够从断面形貌呈现材料断裂的本质及断裂机理。同时它能够直接检测不同倍率下的表面粗糙形貌，真实检测试样本身物质成分不同的衬度(背散射电子像)。在 SEM 测试前，通常需要对所有隔膜样品进行喷金处理，其作用是在隔膜表面形成一层导电膜，避免样品表面的电荷积累，提高图像质量，并可防止样品的热损伤。

原子力显微镜(AFM)通过检测待测样品表面和探针之间的相互作用力来表征样品的表面结构及性质，它可以对样品的表面形貌起伏、结构变化进行表征，获得样品表面的形貌、粗糙度和结构尺寸等信息。同时轻敲模式下可以得到相图，表征样品的组分、硬度、黏弹性质、模量等因素引起相位角变化。AFM 测试前，用无水乙醇和去离子水对隔膜进行超声清洗并干燥，隔膜样品尺寸为 20 mm×20 mm (长×宽)，测试面须保持清洁无污染。

透射电子显微镜(TEM)可以对样品进行形貌观察或物相分析，利用高分辨电子显微方法直接“观察”到晶体中原子或原子团在特定方向上的投影，以确定晶体结构，还可以观察晶体中存在的结构缺陷，确定缺陷种类、估算缺陷的密度等。在进行 TEM 测试前，隔膜样品需要置于 0.5 mol/L 的 $AgNO_3$ 溶液中，室温下浸泡 24 h 后，再进行清洗、干燥、切片处理。

2.3　隔膜材料的机械和热性能表征

应用于 VFB 的隔膜应具有良好的机械和热稳定性。隔膜的机械性能可采用电子万能试验机测试隔膜在室温下承受轴向拉伸载荷得到。在进行拉伸测试前，样品参照国标规格进行制样，所制备的待测样品为条形，均匀长宽度区域为 30 mm×5 mm。测试时由计算机进行程控运行，得到应力随应变的变化数据以及断裂伸长率[1]。拉伸强度为拉伸实验过程中最大应力所对应的数值。拉伸速率为 10 mm/min，各种隔膜至少测试 5 次，并取其平均值。隔膜的最大拉伸强度(S)和断裂伸长率(E)的计算公式如式(2-1)和式(2-2)所示：

$$S = \frac{F}{d \cdot L} \tag{2-1}$$

$$E = \frac{L'}{L} \tag{2-2}$$

其中，S 为隔膜的最大拉伸强度(MPa)，F 为隔膜在断裂时最大的应力(N)，d 和 L 分别表示隔膜中间的厚度(μm)和长度(mm)；E 表示隔膜的断裂伸长率(%)，L'表示隔膜断裂时的绝对伸长量(mm)。

热重分析(TGA)是使样品处于一定的温度程序(升/降/恒温)控制下，观察样品的质量随温度或时间的变化过程，获取失重比例、失重温度(起始点、峰值、终止点)以及分解残留量，用于表征隔膜在氮气下的热稳定性[2]。测试时将隔膜用无尘纸擦拭干净后，剪成尺寸为 20 mm×20 mm 且质量在 10 mg 以内的样品，置于氧化铝陶瓷坩埚中，同时提供氮气气氛，气体流速为 50 mL/min，升温速率为 10℃/min，升温范围为 30～800℃，最终得到温度与样品剩余质量占总质量百分比的关系。

2.4　隔膜材料的理化性能表征

2.4.1　吸水率、溶胀率和离子交换容量表征

吸水率(water uptake，WU)和溶胀率(swelling ratio，SR)分别对隔膜的质子传导和尺寸稳定性有较大的影响[3]。具体测试方法如下：首先，将隔膜裁剪为 1 cm×4 cm

的样品；其次，用无水乙醇和去离子水依次对其清洗后，将隔膜样品置于 40℃烘箱中进行干燥，干燥后测其质量与厚度；最后，将隔膜样品在去离子水中浸泡 24 h，取出擦拭表面水分，测其质量与厚度。计算公式如下：

$$\mathrm{WU} = \frac{W_{\mathrm{wet}} - W_{\mathrm{dry}}}{\mathrm{W}_{\mathrm{dry}}} \times 100\% \tag{2-3}$$

$$\mathrm{SR} = \frac{L_{\mathrm{wet}} - L_{\mathrm{dry}}}{L_{\mathrm{dry}}} \times 100\% \tag{2-4}$$

其中，W_{wet}和 W_{dry}分别为湿隔膜与干隔膜的质量(g)，L_{wet}和 L_{dry}分别是湿隔膜与干隔膜的厚度(μm)。

离子交换容量(ion exchange capacity，IEC)表示隔膜中活性基团的克含量，在一定程度上反映了隔膜传导质子的能力[4]。具体测试方法如下：首先，用无水乙醇和去离子水依次对隔膜样品清洗，干燥后测其质量；然后将隔膜样品置于饱和 NaCl 溶液中浸泡 24 h；最后，用 NaOH 溶液对含有酚酞指示剂的浸泡溶液进行滴定。计算公式如下：

$$\mathrm{IEC} = \frac{C_{\mathrm{NaOH}} \times V_{\mathrm{NaOH}}}{W_{\mathrm{dry}}} \tag{2-5}$$

其中，C_{NaOH}表示 NaOH 溶液的浓度(mol/L)，V_{NaOH}表示滴定过程中消耗的 NaOH 溶液的体积(mL)。

2.4.2　钒离子渗透率、面电阻、化学稳定性表征和质子选择性计算

利用自制装置(如图 2-1 所示)来测试隔膜的钒离子渗透率。其中，隔膜样品夹于两个扩散池中间，有效面积为 3.14 cm^2。隔膜样品的左右两侧分别装入 30.0 mL 的 1.0 mol/L $VOSO_4$ + 2.0 mol/L H_2SO_4溶液和 30.0 mL 的 1.0 mol/L $MgSO_4$ + 2.0 mol/L H_2SO_4的溶液。每隔 12 h，从右侧池中取出 3.0 mL 样品溶液，用紫外-可见分光光度计测定 VO^{2+}离子的吸光度(VO^{2+}的最大吸收波长为 765 nm)，每次测试完后将样品溶液倒回右侧池中。钒离子渗透率(P)的计算公式为[5]

$$V\frac{\mathrm{d}C_t}{\mathrm{d}t} = A\frac{P}{d}(C_0 - C_t) \tag{2-6}$$

其中，A 是隔膜的有效面积(cm^2)，V 是左右两池中所含溶液的体积(cm^3)，P 是钒离子渗透率(cm^2/min)，C_0 和 C_t 分别表示左池钒离子初始浓度和 t 时刻右池钒离子

浓度(mol/L)，t为时间(min)，d表示干燥隔膜的厚度(μm)。

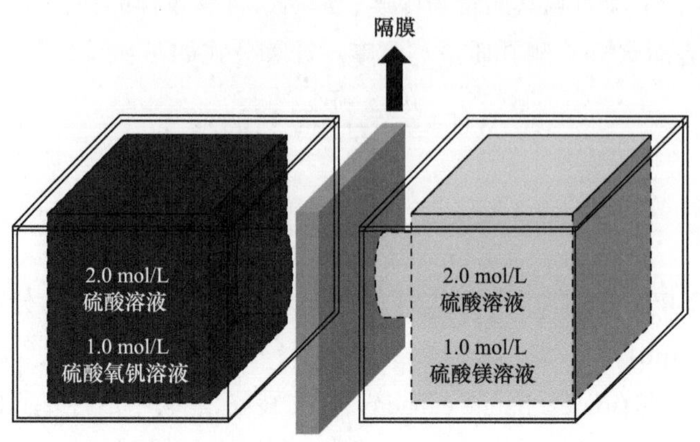

图 2-1　钒离子渗透率测试装置示意图

隔膜的面电阻(area resistance，AR)直接决定了 VFB 的电压效率，利用电化学交联阻抗谱(EIS)对其进行测试。具体测试方法如下：首先，用无水乙醇和去离子水依次清洗隔膜样品，并在 40℃下干燥 12 h 后取出，测量其厚度。随后，将隔膜在 1.0 mol/L H_2SO_4溶液中浸泡 24 h。最后，以 1.0 mol/L H_2SO_4溶液为介质，用 H 型电解池(如图 2-2 所示)和电化学工作站对装置进行 EIS 测试，AR 和隔膜的质子传导率(σ)计算公式如下[6]：

$$\mathrm{AR} = (R_1 - R_0)A' \tag{2-7}$$

$$\sigma = \frac{d}{\mathrm{AR}} \tag{2-8}$$

其中，A'是隔膜的有效面积(1.76 cm^2)，R_1和R_0分别表示装置有无隔膜时的阻抗值(Ω)。

理想的 VFB 用隔膜材料应该具有低的钒离子渗透率和高的质子传导率。因此，通常用质子选择性(proton selectivity，PS)来衡量隔膜材料的综合性能，其计算公式为

$$\mathrm{PS} = \frac{\sigma}{P} \tag{2-9}$$

由于 VFB 的正极电解液为强酸和强氧化性溶液，因此所用隔膜须具有良好的化学稳定性，以保证电池的工作效率和使用寿命。采用非原位浸泡法测定隔膜化学稳定性的方法如下：40℃下，将隔膜样品浸泡在 0.1 mol/L VO_2^+ + 3.0 mol/L H_2SO_4 溶液中，在不同时间间隔，通过使用紫外分光光度计检测浸泡液中 VO^{2+}

离子的浓度、测试隔膜质量变化来确定隔膜被氧化的程度。

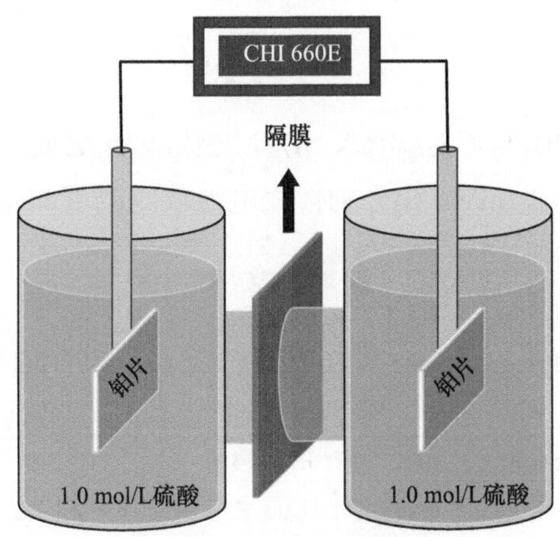

图 2-2　面电阻测试装置

2.5　隔膜材料的全钒液流单电池性能表征

VFB 单电池的主要部件为电极(石墨毡)、隔膜(有效面积为 25.0 cm^2)、集流体(镀金铜板)等。通过蠕动泵的机械动力，使正负极储液罐中浓度为 1.5 mol/L $V^{3.5+}$ + 3.2 mol/L H_2SO_4 的商用电解液以 60 mL/min 的流速分别在正负极与储液罐之间流动，并通过充放电测试系统(CT-4008-5V/12A)测试 VFB 单电池的性能。

各性能测试过程中，参数设置如下。(1)VFB 自放电测试[7]：将 VFB 以 40 mA/cm^2 的电流密度充电至其容量达到 1340 mA · h，然后将 VFB 搁置，直至电压低于 0.8 V；(2)VFB 效率测试：将 VFB 在不同电流密度下(从高到低)进行充放电循环，电流密度范围为 300～80 mA/cm^2，电流密度的间隔为 20 mA/cm^2；(3)VFB 长循环测试：将 VFB 在同一电流密度下进行充放电循环测试；(4)VFB 的功率密度测试：将 VFB 以 10 mA/cm^2 的电流密度充电至 1.65 V，随后从 10 mA/cm^2 的电流密度开始依次递增放电，电流密度之间相差 10 mA/cm^2，每个电流密度下放电 15 s，直至电压低于 0.8 V。VFB 的库仑效率(Coulombic efficiency，CE)、能量效率(energy efficiency，EE)、电压效率(voltage efficiency，VE)的计算公式如下[8]：

$$CE = \frac{C_{\text{discharge}}}{C_{\text{charge}}} \times 100\% \tag{2-10}$$

$$EE = \frac{E_{discharge}}{E_{charge}} \times 100\% \tag{2-11}$$

$$VE = \frac{EE}{CE} \tag{2-12}$$

其中，$C_{discharge}$(mA · h)和 C_{charge}(mA · h)分别代表电池放电容量和充电容量；$E_{discharge}$(mW · h)和 E_{charge}(mW · h)分别代表电池放电能量和充电能量。

参 考 文 献

[1] Li J C, Liu J, Xu w J, Long J, Huang W H, Zhang Y P, Chu L Y. Highly ion-selective sulfonated polyimide membranes with covalent self-crosslinking and branching structures for vanadium redox flow battery. Chem Eng J, 2022, 437: 135414.

[2] Long J, Xu W J, Xu S B, Liu J, Wang Y L, Luo H, Zhang Y P, Li J C, Chu L Y. A novel double branched sulfonated polyimide membrane with ultra-high proton selectivity for vanadium redox flow battery J Membr Sci, 2021, 628: 119259.

[3] Long J, Huang W H, Li J F, Yu Y F, Zhang B, Li J C, Zhang Y P, Duan H. A novel permselective branched sulfonated polyimide membrane containing crown ether with remarkable proton conductance and selectivity for application in vanadium redox flow battery. J Membr Sci, 2023, 669: 121343.

[4] Xu W J, Long J, Liu J, Luo H, Duan H R, Zhang Y P, Li J C, Qi X J, Chu Y L. A novel porous polyimide membrane with ultrahigh chemical stability for application in vanadium redox flow battery. Chem Eng J, 2022, 428: 131203.

[5] Li J C, Xu W J, Huang W H, Long J, Liu J, Luo H, Zhang Y P, Chu L Y. Stable covalent cross-linked polyfluoro sulfonated polyimide membranes with high proton conductance and vanadium resistance for application in vanadium redox flow batteries. J Mater Chem A, 2021, 9: 24704-24711.

[6] Xu W J, Long J, Liu J, Wang Y L, Luo H, Zhang Y P, Li J C, Chu L Y, Duan H. Novel highly efficient branched polyfluoro sulfonated polyimide membranes for application in vanadium redox flow battery. J Power Sources, 2021, 485: 229354.

[7] Li J C, Li H T, Duan H R, Long J, Huang W H, Zhu W J, Chen L, Chen J J, Zhang Y P. Sulfonated polyimide membranes with branched architecture and unique diamine monomer for implementation in vanadium redox flow battery. J Power Sources, 2024, 591: 233892.

[8] Liu J, Duan H R, Xu WJ, Long J, Huang W H, Luo H, Li J C, Zhang Y P. Branched sulfonated polyimide/s-MWCNTs composite membranes for vanadium redox flow battery application. Int J Hydrogen Energy, 2021, 46: 34767-34776.

第3章　含亚氨基支化磺化聚酰亚胺隔膜材料在全钒液流电池中的应用

科研人员对SPI基隔膜材料的优化和改进主要包括引入功能性单体和交联结构等，通过优化分子结构，构建亲疏水相分离区域，旨在提高其阻钒性能与质子传导能力。因此，在本章中主要介绍一种具有—NH—和—CF_3基团的新型二胺单体双(2-三氟甲基-4-氨基苯)亚胺(TAPI)的合成，并设计制备一系列不同磺化度的I-bSPI隔膜材料(通常用I-bSPI-*x*表示，*x*%为磺化度)，设计思路主要基于以下三点：(1)构建氢键网络和引入支化结构可以有效地提高I-bSPI膜的σ; (2)—NH—基团的存在产生的Donnan排斥效应可以有效降低隔膜的*P*值；(3)大量的—CF_3基团可以有效提高I-bSPI隔膜的化学稳定性。

3.1　TAPI单体的合成与I-bSPI隔膜的制备

3.1.1　TAPI单体的合成

首先，将4.12 g 4-硝基-2(三氟甲基)苯胺、4.18 g 2-氟-5-硝基三氟甲苯、2.78 g K_2CO_3和40.0 mL *N,N*-二甲基乙酰胺(DMAc)加入带有磁力搅拌、N_2保护装置和蛇形冷凝器的三颈烧瓶中，在140℃下保持24 h后，将反应液倒入装有200.0 mL去离子水的烧杯中，即出现沉淀物。然后，用去离子水对所得沉淀物进行反复冲洗，并于60℃下干燥24 h，即得到7.50 g双(2-三氟甲基-4-硝基苯基)亚胺(TNPI)，产率为94.9%。接下来，将上步合成的7.50 g TNPI与1.0 g钯碳和80.0 mL无水乙醇加入带有磁力搅拌、N_2保护装置和蛇形冷凝器的烧瓶中，加热至80℃以活化钯碳。然后，冷却至70℃后，用恒压漏斗将20.0 mL水合肼滴入烧瓶中，并于 70℃保持 12 h，过滤后，将滤液倒入 200.0 mL 去离子水中，即得到白色纤维状沉淀物 TAPI。最后，用去离子水对 TAPI 进行反复洗涤，并于 50℃下干燥 24 h，成功获得 TAPI 5.68 g，收率为 89.31%。TAPI 单体的合成路线如图 3-1 所示。

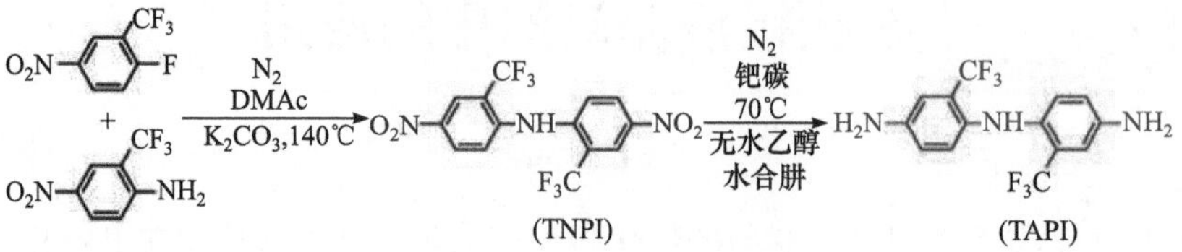

图 3-1　TAPI 单体的合成路线

3.1.2　I-bSPI 隔膜的制备

通过调节 BDSA 和 TAPI 的比例，制备了一系列磺化度为 x%的 I-bSPI-x 隔膜。磺化度为 50%的 I-bSPI-50 隔膜的制备过程如图 3-2 所示。首先，将 1,4,5,8-萘四甲酸二酐(NTDA)(2.15 g)和苯甲酸(1.96 g)溶解于装有间甲酚(40.0 mL)的烧瓶中。接下来，将 BDSA(1.38 g)、三乙胺(2.6 mL)和间甲酚(40.0 mL)置于烧杯中，并搅拌至固体完全溶解。随后，将 TAPI(0.94 g)和 1,3,5-三(2-三氟甲基-4-氨基苯氧基)苯(TFAPOB)(0.48 g)也加入烧杯中，于 60℃下保持 1 h，以溶解所有单体。用恒压漏斗将烧杯中的溶液滴到烧瓶，然后在 60℃下搅拌 20 h。最后，将铸膜液流延到洁净且干燥的玻璃板上，并在 60℃下干燥 20 h，然后分别于 80℃、100℃、120℃和 150℃下保持 1 h。将从玻璃板上剥离下来的隔膜分别在无水乙醇、1.0 mol/L H_2SO_4 和去离子水中浸泡 24 h，即得到 I-bSPI-50 隔膜。I-bSPI-40、I-bSPI-60 和 I-bSPI-70 隔膜也按上述方法制备。为更好地进行理化性能对比，采用相同的步骤，利用 2,2′-二(三氟甲基)-(1,1′-二苯基)-4,4′-二胺(TAP)代替 TAPI，制备了 bSPI-50 隔膜。

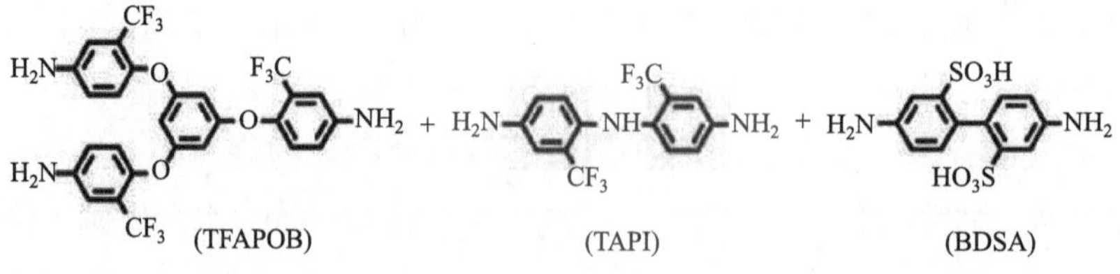

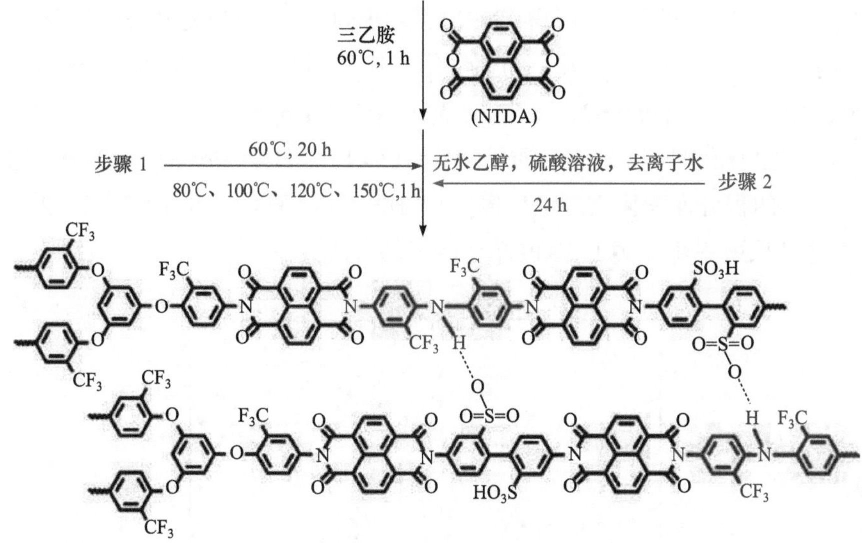

图 3-2　I-bSPI-50 隔膜的制备路线

3.2　TAPI 单体与 I-bSPI 隔膜的表征与分析

3.2.1　TAPI 的 FTIR 和 ^{1}H NMR 分析

利用 FTIR 光谱仪对 TNPI 及其中间产物进行表征，结果见图 3-3(a)。TNPI 上—NH—的伸缩振动吸收峰位于 3454 cm^{-1}，而 TAPI 中—NH—的吸收峰则移动至 3434 cm^{-1}。这是因为—NH_2 作为电子供体基团可以引起—NH—波数的蓝移。TAPI 和 TNPI 在 1345 cm^{-1} 均出现 C—N 的吸收峰。此外，3310 cm^{-1} 和 3211 cm^{-1} 的吸收峰归属于 TAPI 中—NH_2 的伸缩振动，说明 TNPI 的—NO_2 基团已被完全还原为—NH_2 基团。在 1116 cm^{-1} 处出现的是 TNPI 和 TAPI 的—CF_3 的吸收峰。为了进一步确定 TAPI 单体被成功合成，分别对 TNPI 和 TAPI 进行了 ^{1}H NMR 表征，其结果如图 3-3(b，c)所示。化学位移在 8.68 ppm (H1)、8.48 ppm (H2)、8.43 ppm (H3)和 7.29 ppm (H4)处的峰可归属于 TNPI 上的不同质子。实际峰面积比(H1：H2：H3：H4=1.01：2.05：2.03：2.10)也十分接近理论峰面积比值(H1：H2：H3：

H4=1：2：2：2)，表明中间产物 TNPI 的成功合成。当—NO_2 基团被完全还原为—NH_2 基团时，TAPI 单体质子的化学位移迁移到低频区。在 5.13 ppm(H1)、6.85 ppm(H2)、6.72 ppm(H3)、6.67 ppm(H4)和 5.75 ppm(H5)处观察到 TAPI 中 H 原子的化学位移信号峰。这 5 个质子(H1：H2：H3：H4：H5=3.95：2.00：2.11：1.98：0.97)的积分面积比与理论比值(H1：H2：H3：H4：H5=4：2：2：2：1)一致。上述结果进一步证实了 TAPI 单体的成功合成。

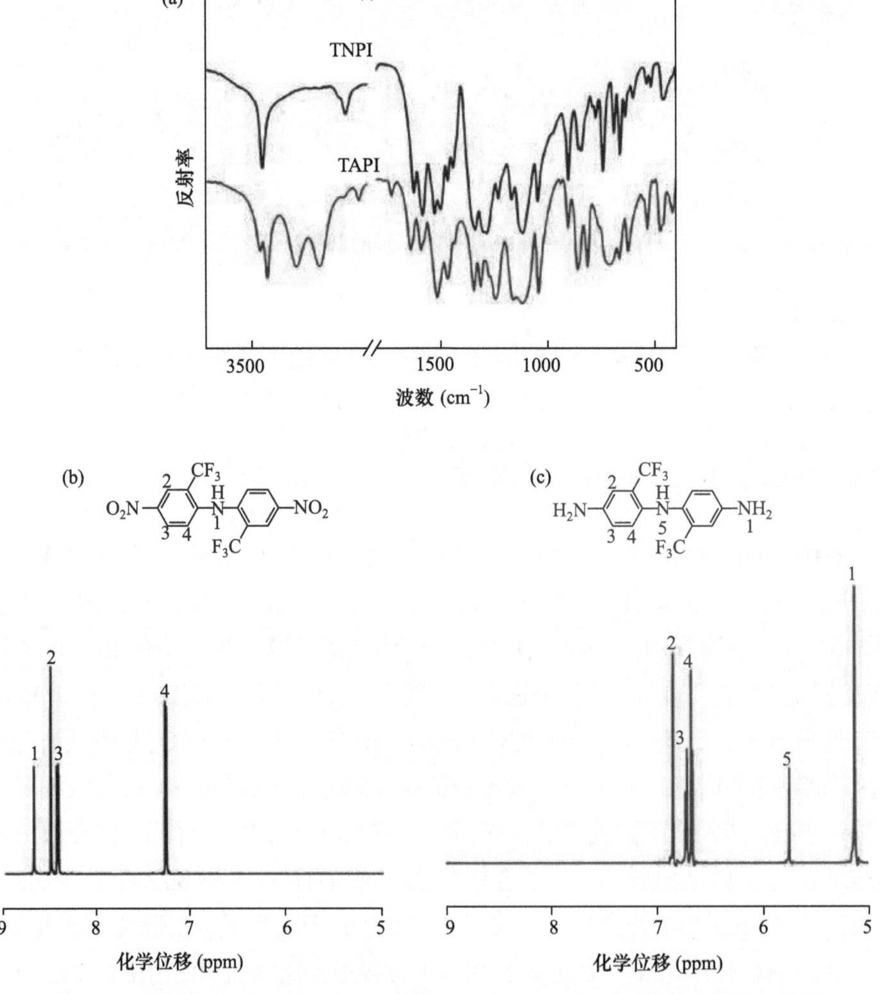

图 3-3　(a) TNPI 和 TAPI 的 FTIR 光谱；(b，c) TNPI 和 TAPI 的 ^{1}H NMR 图谱

3.2.2　I-bSPI 隔膜的 ATR-FTIR 和 ^{1}H NMR 分析

图 3-4(a)是 I-bSPI-*x* 隔膜的 ATR-FTIR 光谱，765 cm^{-1} 和 3417 cm^{-1} 分别属于 N—H 的弯曲振动和伸缩振动[1]；C═O 基团的特征吸收峰位于 1711 cm^{-1} 和 1667 cm^{-1} 处；C—N 的伸缩振动在 1345 cm^{-1} 处出现。此外，1026 cm^{-1}、1097 cm^{-1} 和 1195 cm^{-1} 处的特征峰源于—SO_3H 基团的伸缩振动[2]，它们的强度随磺化度的增加而逐渐降低。所有 ATR-FTIR 结果都表明 I-bSPI-*x* 隔膜已被成功制备。为进一步证明 I-bSPI 隔膜的化学结构，利用 ^{1}H NMR 对 I-bSPI-50 隔膜进行了表征，结果如图 3-4(b)所示。8.77 ppm(He*和 Hf)的信号为 NTDA 萘环上的质子。8.01 ppm(Hi)、7.95 ppm(Hh)和 7.78ppm(Hj)处的质子信号可归属于 BDSA 的质子。TFAPOB 上氢原子化学位移分别为 6.56 ppm(Hd)、7.50 ppm(Ha)、7.37 ppm(Hb)和 7.62 ppm(Hc)。TAPI 的苯氢原子与 7.30 ppm(Hl)、7.20(Hj)、7.15 ppm(Hk)和 8.80 ppm(Hm)位置的四个峰一一对应。该结果表明：采用 TAPI、BDSA、TFAPOB 和 NTDA 单体成功制备了 I-bSPI-50 隔膜。

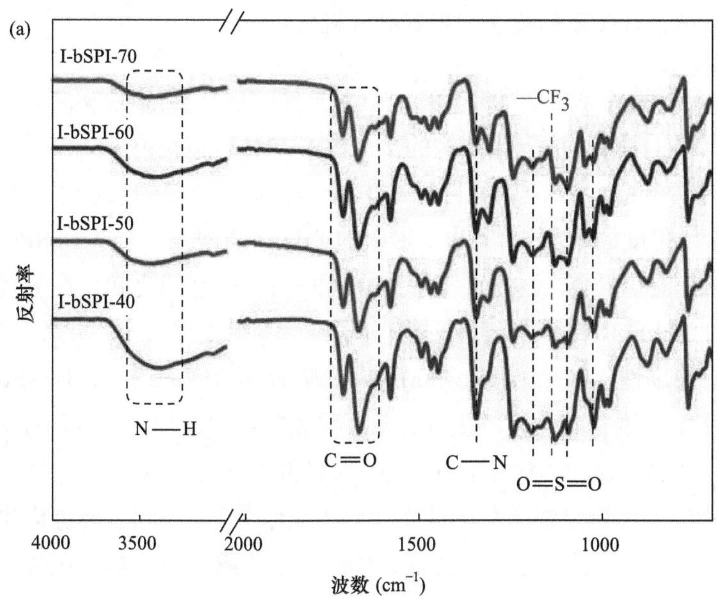

---

* 表示标号为 e 的氢。余依此类推。

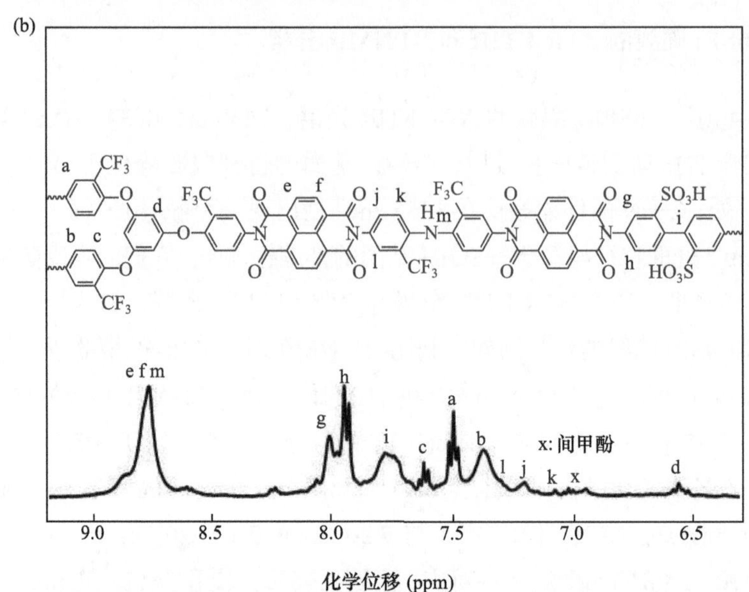

图 3-4　(a) I-bSPI-*x* 隔膜的 ATR-FTIR 光谱；(b) I-bSPI-50 隔膜的 ^1H NMR 图谱

3.2.3　吸水率、溶胀率和离子交换容量分析

I-bSPI-*x* 隔膜的 WU(20.0%～31.7%)高于 Nafion 212 隔膜(16.4%)，主要归因于以下两点：(1)具有 3D 支化结构的 TFAPOB 单体可以提高 I-bSPI-*x* 隔膜的自由体积[3]。(2)与 Nafion 212 隔膜相比，I-bSPI-*x* 隔膜具有更多的亲水性—SO_3H 基团。此外，随着磺化度的增加，I-bSPI-*x* 隔膜的 WU 逐渐增大。但是 I-bSPI-50 隔膜的 WU 低于 bSPI-50 隔膜，这是由于—NH—和—SO_3H 基团之间存在氢键，不仅消耗了亲水性的—SO_3H 基团，且使隔膜分子结构变得更加致密。此外，SR 决定了隔膜的尺寸稳定性，结果如图 3-5(a)所示。随着磺化度的增加，I-bSPI-*x* 隔膜的 SR 增加，主要原因是磺化度的上升导致了隔膜的亲水性增强，从而隔膜的尺寸稳定性变差。然而，I-bSPI-50 隔膜的 SR 明显低于 bSPI-50 隔膜，这可能是因为 I-bSPI-50 隔膜的氢键增强了分子链之间的相互作用[4]。因此，通过构建氢键可以使隔膜获得良好的尺寸稳定性。然而，Nafion 212 隔膜由于具有强疏水的聚四氟乙烯结构，导致其 SR 明显低于 I-bSPI-*x* 隔膜。所有 I-bSPI-*x* 隔膜的 IEC(1.14～1.52 mmol/g)均高于 Nafion 212 隔膜(0.92 mmol/g)。结果表明：I-bSPI-*x* 隔膜具有足够的离子交换能力，有益于质子的传递。然而与 bSPI-50 相比，I-bSPI-*x* 隔膜表

现出较低的 IEC，这是因为其游离—SO_3H 基团被氢键消耗[5]。

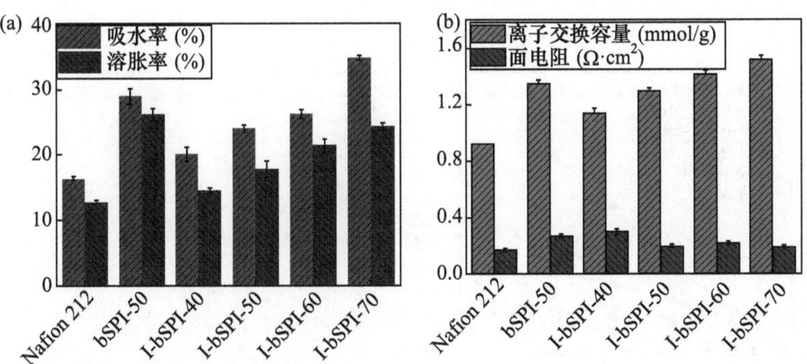

图 3-5　(a) bSPI-50、I-bSPI-*x* 和 Nafion 212 隔膜的吸水率和溶胀率；(b) bSPI-50、I-bSPI-*x* 和 Nafion 212 隔膜的面电阻和离子交换容量

3.2.4　钒离子渗透率、面电阻和质子选择性分析

面向 VFB 应用的隔膜，很难平衡其质子传导能力与钒离子阻隔能力。而隔膜的钒离子渗透率对 VFB 的自放电速度、容量衰减率和 CE 等性能均有较大影响。从图 3-6 可以看出：与 Nafion 212 隔膜相比，bSPI-50 和 I-bSPI-*x* 隔膜的 P 值均明显低于 Nafion 212 隔膜，意味着 bSPI 隔膜具有杰出的阻钒性能。此外，随着磺化度的升高，I-bSPI-*x* 隔膜的 P 值逐渐升高。这可能是由于以下两个原因：一方面，随着磺化度的增加，—SO_3H 基团的数量增多，亲水性增强，导致钒离子更易扩散至隔膜中；另一方面，TAPI 单体含量减少，导致道南排斥效应也随之减弱[6]。I-bSPI-50 隔膜的 P 值低于 bSPI-50 隔膜，这可归因于 TAPI 单体的道南排斥效应可有效地阻止钒离子渗透。因此，采用 I-bSPI-50 隔膜组装的 VFB 应具有良好的 CE 和容量保持率、缓慢的自放电速率。隔膜的 AR 受 WU、IEC 和氢键网络的影响，并直接决定 VFB 的 VE。随着磺化度的提升，I-bSPI-*x* 隔膜的 AR 降低，这归因于隔膜 WU 和 IEC 的增加。然而，由于 Nafion 212 隔膜具有明显的微相分离结构(强疏水性聚四氟乙烯骨架和以亲水性—SO_3H 基团终止的全氟烷基侧链)，在所有隔膜中 Nafion 212 隔膜的 AR 最低。I-bSPI-50 隔膜($0.20\ \Omega \cdot cm^2$)的 AR 低于 bSPI-50 隔膜($0.27\ \Omega \cdot cm^2$)，这可能是由于 I-bSPI-50 隔膜的氢键有利于构建更多的质子通道，并能有效地提高其质子传导性能。此外，理想的隔膜应具有高的σ和低的 P，以提升 VFB 的性能。在所有 I-bSPI-*x* 隔膜中，I-bSPI-50 隔膜的质子选择性

(1.83×10^5 S · min/cm^3)高于 Nafion 212 隔膜(0.40×10^5 S · min/cm^3)。因此，推测使用 I-bSPI-50 隔膜组装成的 VFB 可获得优异的电池性能。

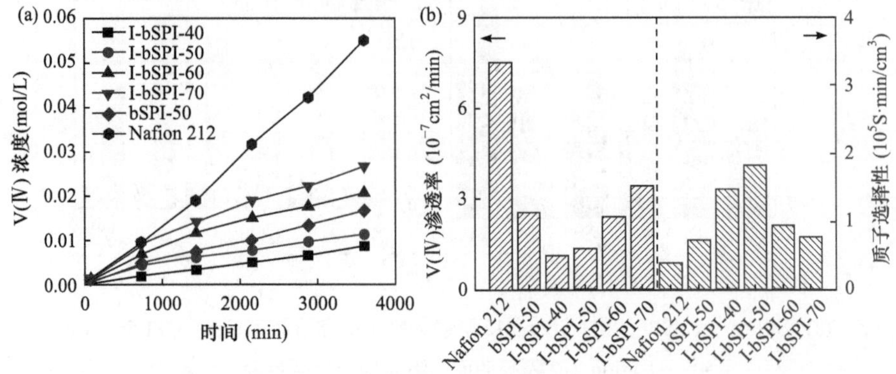

图 3-6　(a) 透过 bSPI-50、I-bSPI-x 和 Nafion 212 隔膜的 V(Ⅳ)离子浓度随时间的变化；(b) bSPI-50、I-bSPI-x 和 Nafion 212 隔膜的 V(Ⅳ)离子渗透率和质子选择性

3.2.5　化学稳定性分析

将 bSPI-50、I-bSPI-x 和 Nafion 212 隔膜浸泡在 40℃的 0.1 mol/L V(Ⅴ) + 3.0 mol/ L H_2SO_4 溶液中，每克隔膜样品产生的 V(Ⅳ)离子浓度随时间的变化如图 3-7 所示。I-bSPI-x 隔膜的稳定性随磺化度的增加呈现下降趋势。这是因为随着

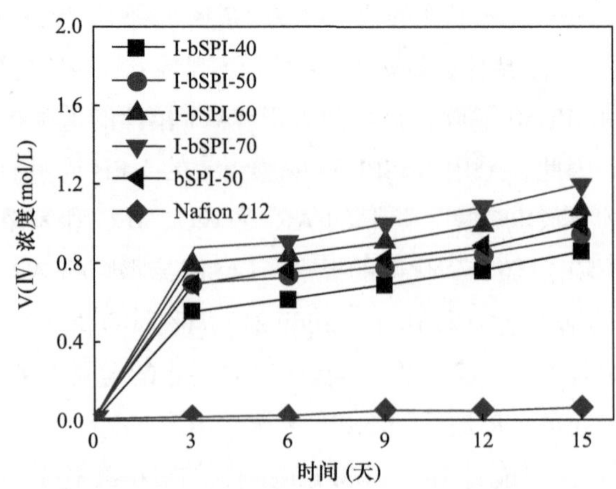

图 3-7　浸泡于 40℃的 0.1 mol/L V(Ⅴ) + 3.0 mol/L H_2SO_4 溶液中的每克隔膜样品产生的 V(Ⅳ)离子浓度随时间的变化

磺化度的提升，亲水性—SO_3H 基团数量增加，I-bSPI-x 隔膜的亲水性明显增强，更多的氢离子、水分子和 V(Ⅴ)离子被隔膜吸附，导致聚合物骨架更易被水解和氧化。基于此，应合理控制 I-bSPI-x 隔膜的磺化度水平，使其具有良好的稳定性。I-bSPI-50 隔膜的稳定性优于 bSPI-50 隔膜，这是因为 I-bSPI-50 隔膜拥有更低的 WU 和 SR，且 I-bSPI-50 隔膜的亚氨基能有效地阻止 V(Ⅴ)的攻击。

3.2.6　VFB 性能分析

利用 VFB 的开路电压(OCV)来评估 I-bSPI-50 和 Nafion 212 隔膜的自放电特性，其结果如图 3-8(a)所示。I-bSPI-50 和 Nafion 212 隔膜的 OCV 先缓慢下降，然后快速下降到 0.8 V。I-bSPI-50 和 Nafion 212 隔膜的 OCV 保持在 0.8 V 以上的自放电时间分别为 51 h 和 12 h，这意味着 I-bSPI-50 隔膜具有出色的钒离子阻隔能力。

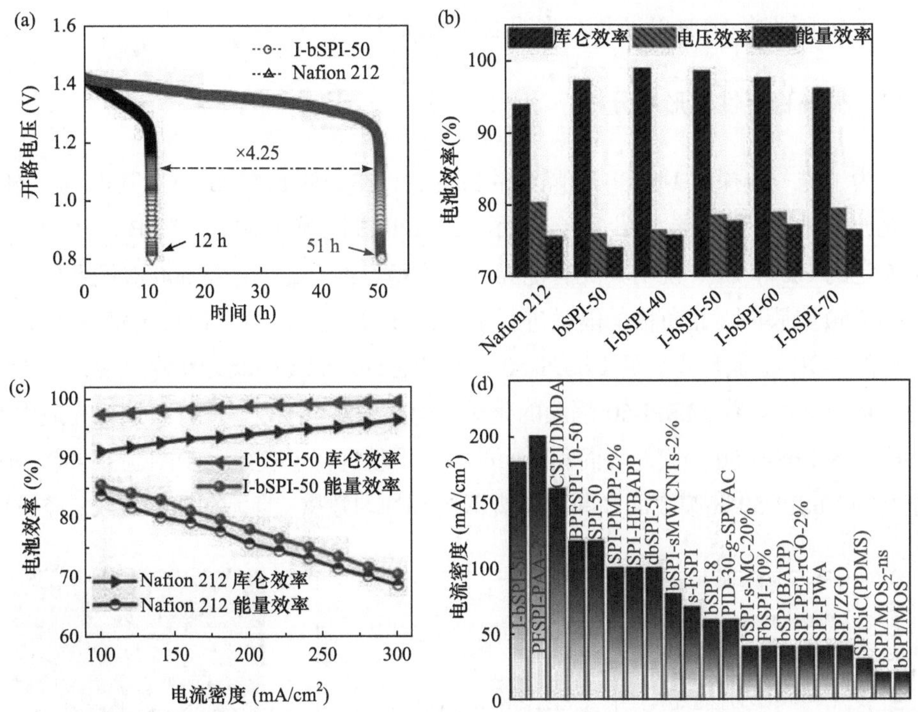

图 3-8　(a) I-bSPI-50 和 Nafion 212 隔膜的开路电压曲线；(b) 在 200 mA/cm^2 下，bSPI-50、I-bSPI-x 和 Nafion 212 隔膜的电池效率；(c) 在 100～300 mA/cm^2 下，I-bSPI-50 和 Nafion 212 隔膜的电池性能；(d) 当 EE 达到 80%时，近年来报道的 SPI 隔膜的最高电流密度对比图[3-5,7-23]

在 200 mA/cm^2 下，bSPI-50、I-bSPI-x 和 Nafion 212 隔膜的 VFB 效率如图 3-8(b)所示。与 Nafion 212 隔膜相比，由于 bSPI-50 和 I-bSPI-x 隔膜具有优异的阻钒能力，因此二者可获得更高的 CE。bSPI-50、I-bSPI-x 和 Nafion 212 隔膜的 VE 变化趋势与其 AR 值相符。在所有隔膜中，I-bSPI-50 隔膜的 EE 值最高达到 78.5%，这应归因于其具有最高的 PS 值。为了进一步评价 I-bSPI-50 隔膜，测试了其在 100～300 mA/cm^2 条件下的 VFB 性能，并与 Nafion 212 进行了比较，如图 3-8(c)所示。由于 I-bSPI-50 具有良好的钒离子阻隔能力和质子选择性，因此在相同电流密度下 I-bSPI-50 隔膜的 CE(97.3%～99.5%)和 EE(85.5%～70.5%)均高于 Nafion 212 隔膜(CE：91.1%～96.4%；EE：84.1%～68.2%)，这与图 3-6(b)中的钒离子渗透率和质子选择性数据一致。在实际应用中，VFB 的 EE 需要达到 80%以上。因此，我们比较了近年来报道的使 VFB 的 EE 达到 80%的 SPI 膜的最高电流密度，其中 I-bSPI-50 隔膜表现出较高的水平，如图 3-8(d)所示[3-5, 7-23]。以上结果表明：I-bSPI-50 隔膜在 VFB 领域具有光明的应用前景。

3.2.7　循环稳定性和形貌分析

为了进一步探讨 I-bSPI-50 隔膜的稳定性，在 200 mA/cm^2 下对其进行了 600 次充放电循环，其结果如图 3-9(a)所示。I-bSPI-50 隔膜在 600 次 VFB 循环中表现出稳定的 CE 和 EE，说明其具有优异的循环稳定性。此外，在 600 次循环后，对 I-bSPI-50 隔膜面对正负极的隔膜进行了 ATR-FTIR 表征，并与原始隔膜对比，结果见图 3-9(b)。循环之后的 I-bSPI-50 隔膜的 ATR-FTIR 中既无新峰出现，也无峰的位移，这意味着 I-bSPI-50 隔膜的化学结构并未发生改变。此外，还对充放电循环前后的 I-bSPI-50 隔膜的表面和断面的微观形貌进行了表征，结果见图 3-9(c，d)。原始的 I-bSPI-50 隔膜表面和断面微观形貌都均匀致密，且无孔洞和裂纹；经长期

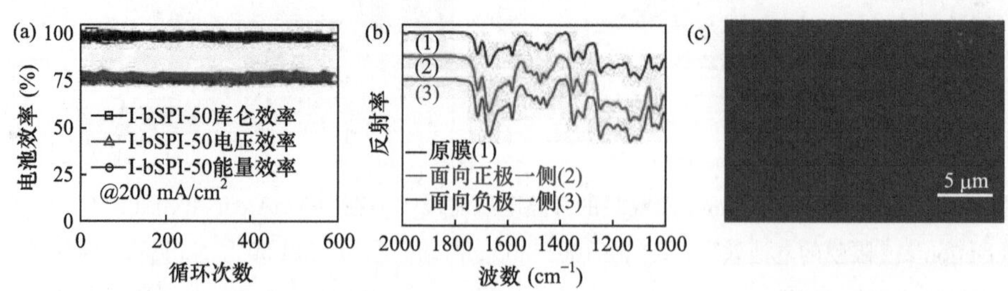

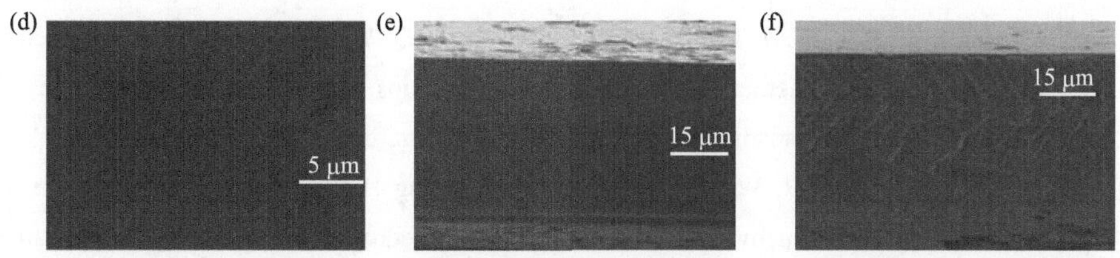

图 3-9　(a) I-bSPI-50 充放电循环性能；(b) 600 次 VFB 循环前后 I-bSPI-50 隔膜的 ATR-FTIR 光谱；(c) I-bSPI-50 隔膜的初始表面形貌；(d) 600 次循环后 I-bSPI-50 隔膜的表面形貌；(e) I-bSPI-50 隔膜的初始断面形貌；(f) 600 次循环后 I-bSPI-50 隔膜的断面形貌

充放电循环后，I-bSPI-50 隔膜的表/断面微观形貌与原始隔膜基本一致。这些结果表明：I-bSPI-50 隔膜在 VFB 运行过程中具有良好的耐久性。

3.3　本 章 小 结

以 2-氟-5-硝基三氟甲苯和 4-硝基-2(三氟甲基)苯胺为原料合成二胺单体——双(2-三氟甲基-4-氨基苯基)亚胺(TAPI)，并利用 FTIR 和 ^{1}H NMR 证明了其合成成功。然后，以 TAPI、BDSA、TFAPOB 和 NTDA 单体为原料，通过高温缩聚反应，并调控磺化度，制备了一系列含亚氨基的 I-bSPI-*x* 隔膜。相比于 Nafion 212 隔膜，所有 I-bSPI-*x* 隔膜表现出更为优异的阻钒能力。同时，随着磺化度的提升，I-bSPI-*x* 隔膜的质子传导能力也逐渐增强。在相同磺化度下，相比于不含亚氨基的 bSPI-50 隔膜，I-bSPI-50 隔膜表现出更杰出的质子传导和钒渗透阻力，这主要是因为：I-bSPI-50 隔膜的亚氨基的道南排斥效应和与磺酸基团构建的氢键网络。在所有隔膜中，I-bSPI-50 隔膜拥有最高的质子选择性。在 100～300 mA/cm^2 下，相比于 Nafion 212 隔膜，I-bSPI-50 隔膜表现出更高的库仑效率和能量效率。此外，通过稳定运行 600 次充放电循环证明了 I-bSPI-50 隔膜具有优异的耐久性。

参 考 文 献

[1] Ba Z H, Wang Z X, Luo M, Li H B, Li Y Z, Huang T, Dong J, Zhang Q H, Zhao X. Benzoquinone-based polyimide derivatives as high-capacity and stable organic cathodes for lithium-ion batteries. ACS Appl Mater Interfaces, 2020, 12: 807-817.

[2] Xu J F, Dong S, Li P, Li W H, Tian F, Wang J R, Cheng Q Q, Yue Z Y, Yang H. Novel ether-free sulfonated poly(biphenyl) tethered with tertiary amine groups as highly stable amphoteric ionic exchange membranes for vanadium redox flow battery. Chem Eng J, 2021, 424: 130314.

[3] Yang P, Xuan S S, Long J, Wang Y L, Zhang Y P, Zhang H P. Fluorine-containing branched sulfonated polyimide membrane for vanadium redox flow battery applications. ChemElectroChem, 2018, 5: 3695-3707.

[4] Long J, Yang H Y, Wang Y L, Xu W J, Liu J, Luo H, Li J C, Zhang Y P, Zhang H P. Branched sulfonated polyimide/sulfonated methylcellulose composite membrane with remarkable proton conductivity and selectivity for vanadium redox flow battery. ChemElectroChem, 2020, 7: 937-945.

[5] Liu J, Duan H R, Xu W J, Long J, Huang W H, Luo H, Li J C, Zhang Y P. Branched sulfonated polyimide/s-MWCNTs composite membranes for vanadium redox flow battery application. Int J Hydrogen Energy, 2021, 46: 34767-34776.

[6] Li J C, Liu J, Xu W J, Long J, Huang W H, Zhang Y P, Chu L Y. Highly ion-selective sulfonated polyimide membranes with covalent self-crosslinking and branching structures for vanadium redox flow battery. Chem Eng J, 2022, 437: 135414.

[7] Xia T F, Liu B, Wang Y H. Effects of covalent bond interactions on properties of polyimide grafting sulfonated polyvinyl alcohol proton exchange membrane for vanadium redox flow battery applications. J Power Sources, 2019, 433: 126680.

[8] Zhang Y P, Zhang S, Huang X D, Zhou Y Q, Pu Y, Zhang H P. Synthesis and properties of branched sulfonated polyimides for membranes in vanadium redox flow battery application. Electrochim Acta, 2016, 210: 308-320.

[9] Long J, Xu W J, Xu S B, Liu J, Wang Y L, Luo H, Zhang Y P, Li J C, Chu L Y. A novel double branched sulfonated polyimide membrane with ultra-high proton selectivity for vanadium redox flow battery. J Membr Sci, 2021, 628: 119259.

[10] Li J C, Xu W J, Huang W H, Long J, Liu J, Luo H, Zhang Y P, Chu L Y. Stable covalent cross-linked polyfluoro sulfonated polyimide membranes with high proton conductance and vanadium resistance for application in vanadium redox flow batteries. J Mater Chem A, 2021, 9: 24704-24711.

[11] Wang L, Yu L H, Mu D, Yu L W, Wang L, Xi J Y. Acid-base membranes of imidazole-based sulfonated polyimides for vanadium flow batteries. J Membr Sci, 2018, 552: 167-176.

[12] Yu L H, Wang L, Yu L W, Mu D, Wang L, Xi J Y. Aliphatic/aromatic sulfonated polyimide membranes with cross-linked structures for vanadium flow batteries. J Membr Sci, 2019, 572: 119-127.

[13] Xu W J, Long J, Liu J, Wang Y L, Luo H, Zhang Y P, Li J C, Chu L Y, Duan H. Novel highly efficient branched polyfluoro sulfonated polyimide membranes for application in vanadium redox flow battery. J Power Sources, 2021, 485: 229354.

[14] Chen Q, Ding L M, Wang L H, Yang H J, Yu X H. High proton selectivity sulfonated polyimides ion exchange membranes for vanadium flow batteries. Polymer, 2018, 10: 1315.

[15] Li J C, Yuan X D, Liu S Q, He Z, Zhou Z, Li A K. A low-cost and high performance sulfonated polyimide proton conductive membrane for vanadium redox flow/static batteries. ACS Appl Mater Interfaces, 2017, 9: 32643-32651.

[16] Pu Y, Huang X D, Yang P, Zhou Y Q, Xuan S S, Zhang Y P. Effect of nonsulfonated diamine monomer on branched sulfonated polyimide membrane for vanadium redox flow battery application. Electrochim Acta, 2017, 241: 50-62.

[17] Cao L, Sun Q Q, Gao Y H, Liu L T, Shi H F. Novel acid-base hybrid membrane based on amine-functionalized reduced graphene oxide and sulfonated polyimide for vanadium redox flow battery. Electrochim Acta, 2015 158: 23-34.

[18] Cao L, Kong L, Kong L Q, Zhang X X, Shi H F. Novel sulfonated polyimide/ zwitterionic polymer-functionalized graphene oxide hybrid membranes for vanadium redox flow battery. J Power Sources, 2015, 299: 255-264.

[19] Xu Y M, Wei W, Cui Y J, Liang H G, Nian F. Sulfonated polyimide/ phosphotungstic acid composite membrane for vanadium redox flow battery applications. High Perform Polym, 2019, 31: 679-685.

[20] Zhang Y P, Pu Y, Yang P, Yang H Y, Xuan S S, Long J, Wang Y L, Zhang H P. Branched sulfonated polyimide/functionalized silicon carbide composite membranes with improved chemical stabilities and proton selectivities for vanadium redox flow battery application. J Mater Sci, 2018, 53: 14506-14524.

[21] Pu Y, Zhu S, Wang P H, Zhou Y Q, Yang P, Xuan S S, Zhang Y P, Zhang H P. Novel branched sulfonated polyimide/molybdenum disulfide nanosheets composite membrane for vanadium redox flow battery application. Appl Surf Sci, 2018, 448: 186-202.

[22] Li J C, Zhang Y P, Zhang S, Huang X D. Sulfonated polyimide/s-MoS_2 composite membrane with high proton selectivity and good stability for vanadium redox flow battery. J Membr Sci, 2015, 490: 179-189.

[23] Zhang M M, Wang G, Li A F, Wei X Y, Li F, Zhang J, Chen J W, Wang R L. Novel sulfonated polyimide membrane blended with flexible poly[bis(4-methylphenoxy) phosphazene] chains for all vanadium redox flow battery. J Membr Sci, 2021, 619: 118800.

第 4 章　共价交联型多氟磺化聚酰亚胺隔膜材料在全钒液流电池中的应用

具有交联结构的质子交换膜因其优越的理化性能引起科研人员的关注。Yu 等[1]设计并制备了具有微相分离结构的交联磺化聚酰亚胺(CSPI-DMDA)隔膜。在 CSPI-DMDA 隔膜的主链中，带有脂肪族基团的疏水链段和带有芳香基团的亲水链段促进了微相分离结构的形成，从而增强了质子传导能力。同时，CSPI-DMDA 隔膜中的交联结构有利于提高机械强度和化学稳定性，降低钒离子渗透率。在 160 mA/cm^2 下超过 1000 次充放电测试隔膜性能没有明显衰减，其 CE 接近 100%。Yang 等[2]制备了一系列含咪唑支链磺化聚酰亚胺离子交联隔膜(cFbSPI)，构建了一个新的离子传输通道，以打破质子传导能力与钒离子阻隔性能之间的平衡效应趋势。cFbSPI-60 隔膜的质子选择性高达 4.2×10^5 S · min/cm^3。

另外，科研人员已证实，微相分离结构可以改善隔膜的质子传导性，而亲水/疏水区域可以促进微相分离结构的形成[3,4]。本章提出通过共价交联的策略来提高 SPI 隔膜的稳定性，制备具有羟基功能化的疏水多氟磺化聚酰亚胺(PFSPI)高分子，并以亲水性高分子聚丙烯酸(PAA)为交联剂，对疏水 PFSPI 进行交联，构建交联和微相分离结构的共价交联型多氟磺化聚酰亚胺(PFSPI-PAA)隔膜，这不仅能提高质子传导率，而且该隔膜在电池的长寿命运行过程中表现出极好的化学稳定性。

4.1　PFSPI 高分子的合成和 PFSPI-PAA 隔膜的制备

4.1.1　PFSPI 高分子的合成

PFSPI 高分子的合成路线如图 4-1 所示。首先，将 1.38 g BDSA、2.50 mL 三乙胺(TEA)和 70.0 mL 间甲酚添加到带有冷凝器和 N_2 保护装置的三颈烧瓶中，于

60℃下搅拌 15 min。然后，向三颈烧瓶中加入 1.02 g 2,2′,3,3′,5,5′,6,6′-八氟-4,4′-双(4-氨基苯氧基)联苯(OFBAPB)和 0.73 g 2,2-双(3-氨基-4 羟基苯基)六氟丙烷(AHHFP)，并继续搅拌 15 min。随后，将 1.96 g 苯甲酸和 2.15 g NTDA 加入到三颈烧瓶中，并将混合物升温至 80℃继续搅拌 4.5 h，再升温至 180℃继续搅拌反应 18 h。反应结束后，将反应液冷却至 80℃时，向体系中加入 12.0 mL 间甲酚进行稀释。最后，将反应液缓慢倒到 300.0 mL 丙酮中，过滤得到絮凝产物，将其在 80℃下干燥 24 h，即得到 PFSPI 高分子。

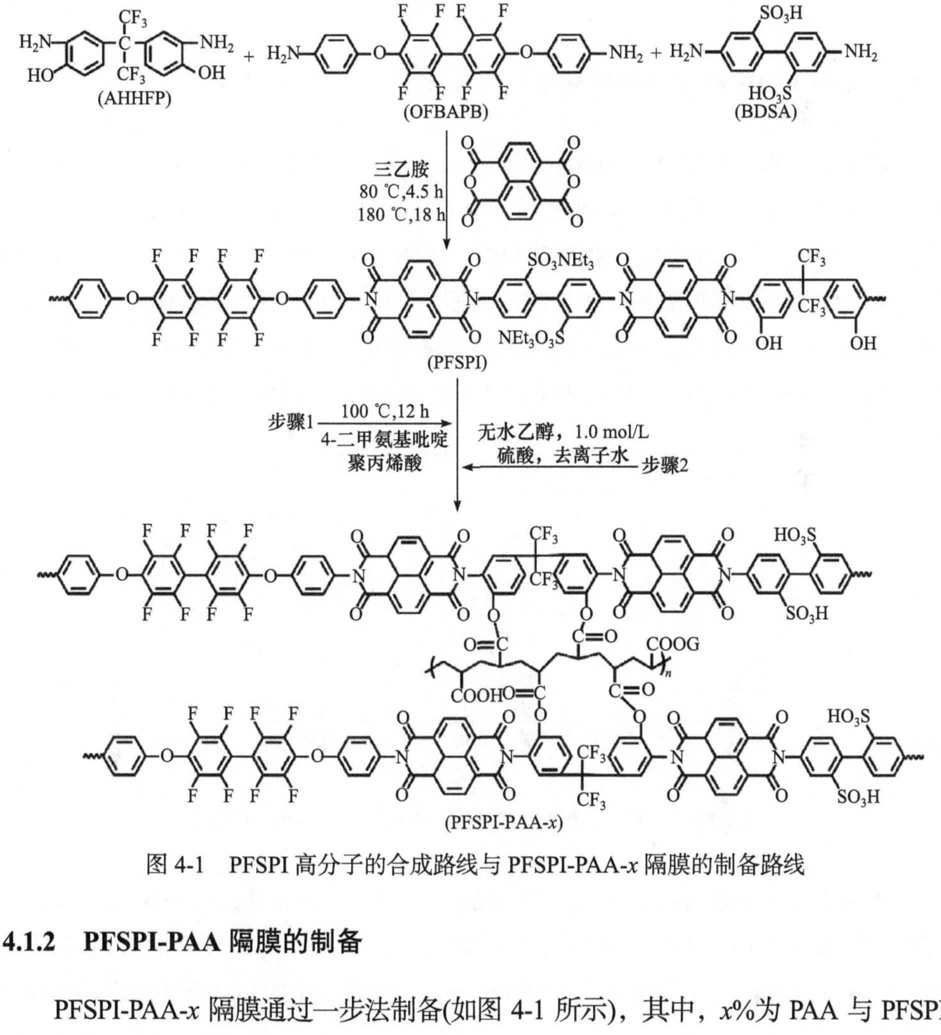

图 4-1　PFSPI 高分子的合成路线与 PFSPI-PAA-*x* 隔膜的制备路线

4.1.2　PFSPI-PAA 隔膜的制备

PFSPI-PAA-*x* 隔膜通过一步法制备(如图 4-1 所示)，其中，*x*%为 PAA 与 PFSPI

的质量比。以 PFSPI-PAA-25 隔膜的制备为例：首先，在 80℃下，将 4.1.1 节合成的 2.0 g PFSPI 聚合物溶解在 16.0 mL 二甲基亚砜(DMSO)中。随后向溶液中添加 0.05 g 4-二甲氨基吡啶(DMAP)和 0.50 g PAA，并在 100℃下反应 12 h。然后，将铸膜液流延到玻璃板上，并于 80℃下干燥 12 h 后，进行剥离。最后，将隔膜依次浸入无水乙醇、1.0 mol/L H_2SO_4 和去离子水中各 24 h，即得 PFSPI-PAA-25 隔膜材料。

4.2 PFSPI-PAA 隔膜材料的表征与分析

4.2.1 ATR-FTIR 和 ^{1}H NMR 分析

PFSPI 和 PFSPI-PAA-*x* 隔膜的 ATR-FTIR 谱如图 4-2 所示。—O—的伸缩振动和 C—N 的不对称伸缩分别出现在 1248 cm^{-1} 和 1347 cm^{-1} 处。—SO_3H 基团的吸收峰位于 1200 cm^{-1}、1097 cm^{-1} 和 978 cm^{-1}。1668 cm^{-1} 和 1718 cm^{-1} 处的吸收峰可归属于 C═O 的不对称伸缩和对称伸缩。上述特征峰的出现表明了隔膜的成功制备。此外，相比于 PFSPI 膜，所有 PFSPI-PAA-*x* 隔膜在 1170 cm^{-1} 处出现一个新的特征峰，归属于 C—O—C 的不对称伸缩振动，说明 PFSPI 与 PAA 已发生交联反应。

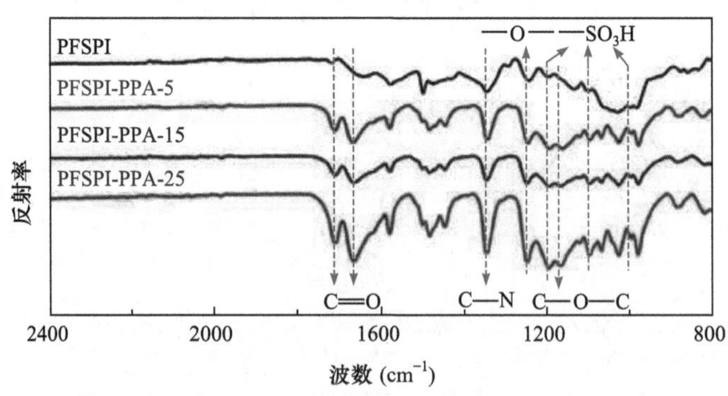

图 4-2 PFSPI 和 PFSPI-PAA-*x* 隔膜的 ATR-FTIR 谱

PFSPI 高分子的 ^{1}H NMR 谱如图 4-3 所示。9.19 ppm 处的特征信号对应于羟基中的 H 原子(Hk)。NTDA 中质子的特征峰分别位于 8.86 ppm(Hc)和 8.74 ppm(Hd)处。7.56 ppm(Hh)、7.13 ppm(Hi)和 7.02 ppm(Hj)化学位移处的峰可归属于 AHHFP

中的 H。BDSA 中 H 的特征峰分别位于 8.12 ppm(Hg)、7.95 ppm(Hf)和 7.87 ppm(He)处。7.46(Hb)ppm 和 7.30 ppm(Ha)处的峰归属于 OFBAPB 中的 H。该结果证明了 PFPSI 聚合物已被成功合成。

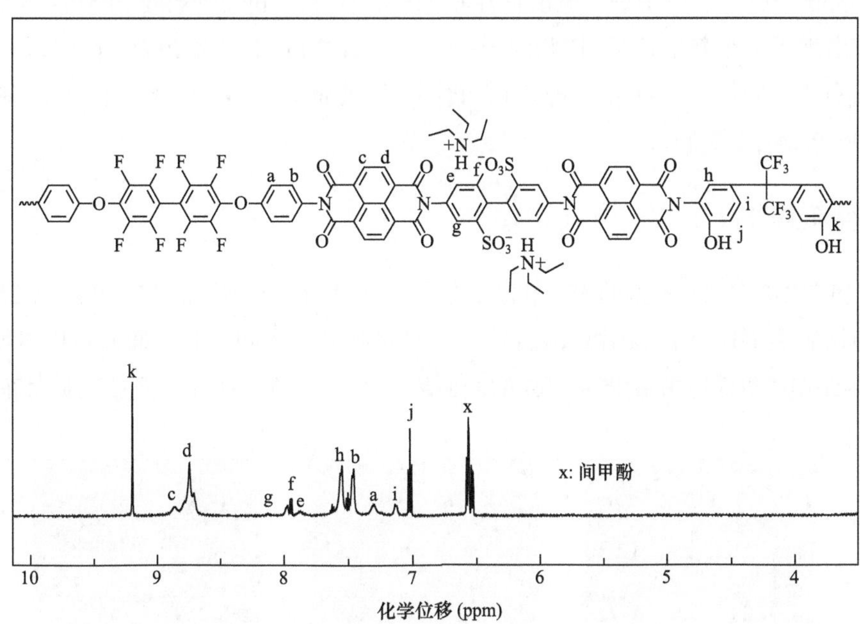

图 4-3　PFSPI 高分子的 ^{1}H NMR 图谱

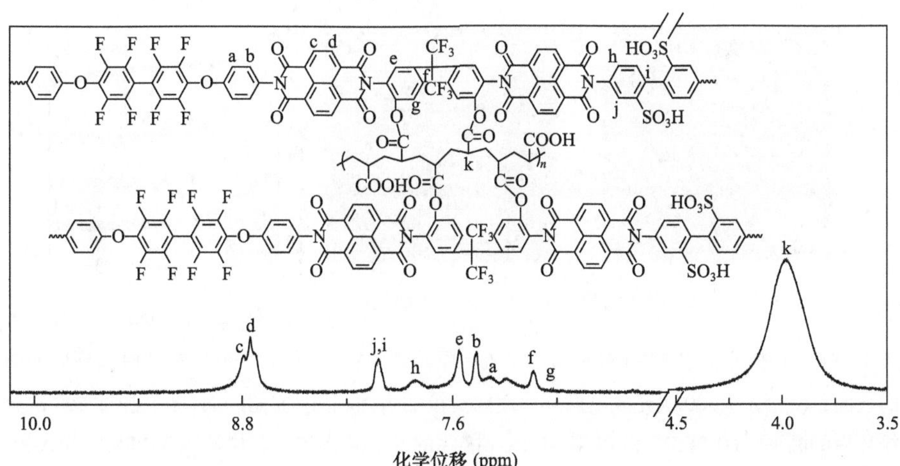

图 4-4　PFSPI-PAA-25 隔膜的 ^{1}H NMR 图谱

PFSPI-PAA-25 隔膜的 ^{1}H NMR 谱如图 4-4 所示，其质子的信号峰与 PFSPI 高分子类似，分别出现在 8.86 ppm(Hc)、8.74 ppm(Hd)、8.02 ppm(Hj、Hi)、7.87 ppm(Hh)、7.56 ppm(He)、7.46 ppm(Hb)、7.30 ppm(Ha)、7.13 ppm(Hf)和 7.02 ppm(Hg)化学位移处。但值得注意的是，在 3.97 ppm(Hk)处 PFSPI-PAA-25 隔膜出现了一个新的信号，这归因于 O═C—CH 中的 H。此外，9.19 ppm 处— OH 的特征峰消失。这些结果表明：PAA 已被成功引入到聚合物中，制得 PFSPI-PAA-25 隔膜。

4.2.2 形貌分析

PFSPI-PAA-25 隔膜的表面和断面形貌如图 4-5(a～e)所示。PFSPI-PAA-25 隔膜的初始表面[图 4-5(a)]以及经过 500 次充放电循环测试后，面向正极电解液[图 4-5(b)]和负极电解液[图 4-5(c)]的表面均光滑、平整。此外，充放电循环前后

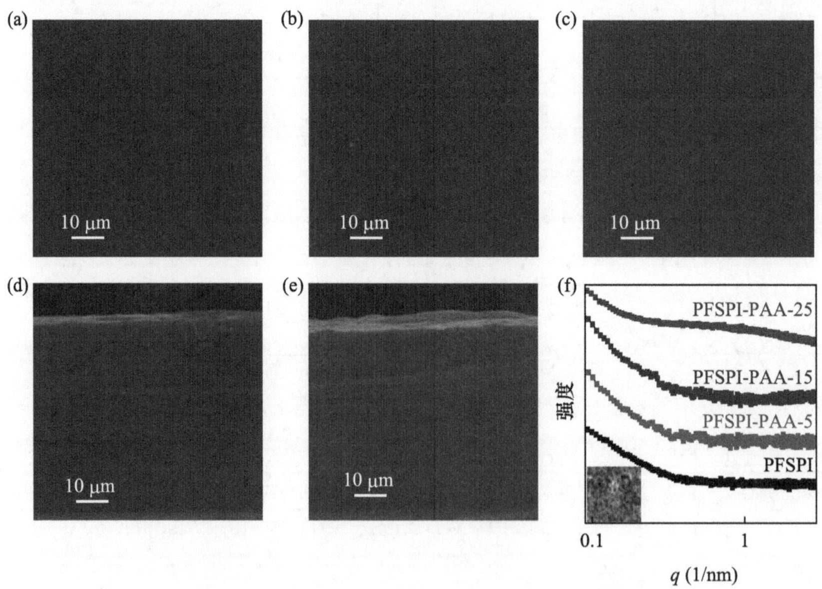

图 4-5　PFSPI-PAA-25 隔膜的 SEM 图片：(a) 原始表面；(b) 经过 500 次充放电循环后面向正极的表面；(c) 经过 500 次充放电循环后面向负极的表面；(d) 原始断面；(e) 经过 500 次充放电循环后的断面；(f) PFSPI 和 PFSPI-PAA-x 隔膜的 SAXS 图谱，其中插图为 PFSPI-PAA-25 隔膜的 AFM 图

的 PFSPI-PAA-25 隔膜的断面均致密，厚度无变化，无微观裂纹出现[如图 4-5(d,e)所示]。这些结果证实：制备的 PFSPI-PAA-25 隔膜具有良好的化学稳定性。此外，从 PFSPI-PAA-25 隔膜的 AFM 相图[图 4-5(f)]可以看出：由于 PFSPI 高分子主链的疏水性和交联节点 PAA 的亲水性，PFSPI-PAA-25 隔膜产生了微相分离结构，这有利于对质子的传递。

4.2.3　理化性能分析

亲水性对隔膜的质子传导率和尺寸稳定性有很大影响，可以通过隔膜的吸水率(WU)和溶胀率(SR)来反映[5]。如图 4-6(a)所示，PFSPI(WU：18.1%；SR：13.6%)和 PFSPI-PAA-*x*(WU：30.3%～37.2%；SR：13.6%～18.7%)的 WU 和 SR 均高于 Nafion 212 隔膜(WU：16.4%；SR：12.8%)，说明 PFSPI 和 PFSPI-PAA-*x* 隔膜具有更好的亲水性。由于亲水性 PAA 的引入，PFSPI-PAA-*x* 隔膜的亲水性比 PFSPI 有显著提高。但由于交联结构的存在，PFSPI-PAA-*x* 隔膜的 SR 仅略有增加，这使得隔膜用于 VFB 时不仅可提升质子传导能力，还可保持良好的尺寸稳定性。

此外，随着时间的延长，透过 PFSPI 和 PFSPI-PAA-*x* 隔膜的钒离子浓度远低于 Nafion 212 隔膜，说明 PFSPI 和 PFSPI-PAA-*x* 隔膜均具有优异的阻钒性能。因此，PFSPI(6.82×10^{-9} cm^2/min)和 PFSPI-PAA-*x*(5.90×10^{-9}～6.77×10^{-9} cm^2/min)隔膜的 P 值也远低于 Nafion 212 隔膜(7.53×10^{-7} cm^2/min)。此外，从图 4-6(b)中可以看出：交联结构的引入和交联剂含量的增加均可提高隔膜的阻钒能力，这可归因于交联结构的形成可有效帮助隔膜抑制钒离子的交叉渗透。

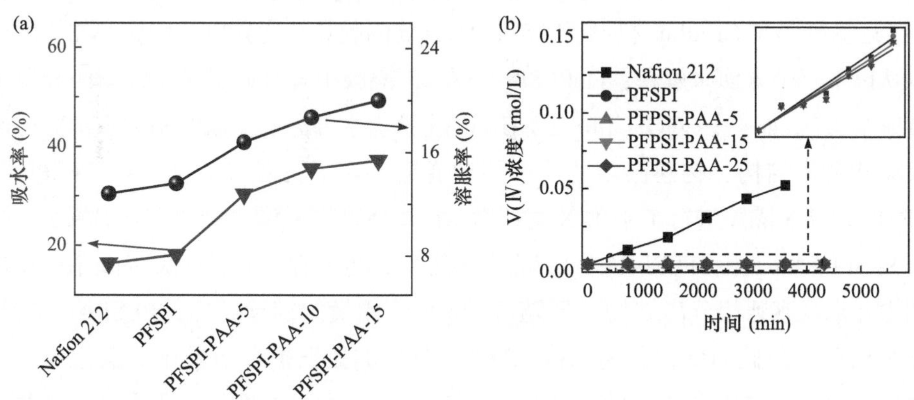

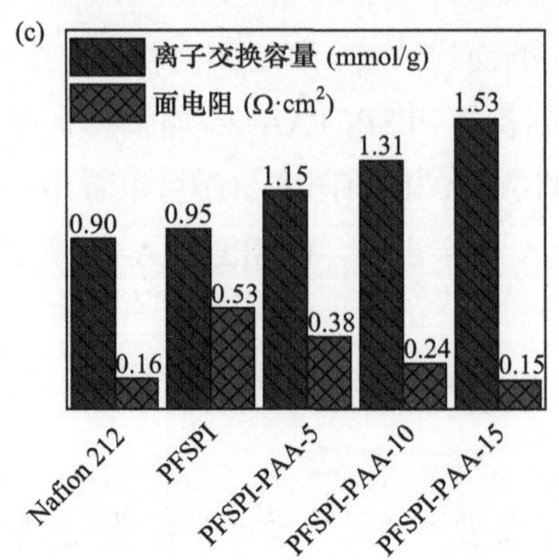

图 4-6 (a) PFSPI、PFSPI-PAA-*x* 和 Nafion 212 隔膜的 WU 以及 SR；(b) 透过 PFSPI、PFSPI-PAA-*x* 和 Nafion 212 隔膜的 V(Ⅳ)浓度随时间的变化曲线；(c) PFSPI、PFSPI-PAA-*x* 和 Nafion 212 隔膜的 IEC 和 AR

σ是 VFB 用隔膜关键性能指标之一，离子交换容量(IEC)和面电阻(AR)对其具有重要的影响。PFSPI(0.95 mmol/g)和 PFSPI-PAA-*x* 隔膜的 IEC(1.15～1.53 mmol/g)均高于 Nafion 212 隔膜(0.90 mmol/g)，这表明本章中所制备的隔膜含有更多的自由离子交换基团(—SO_3H 和—COOH)。此外，由于 PAA 中存在丰富的—COOH 基团，因此随着 PAA 使用量的增加，PFSPI-PAA-*x* 隔膜的 IEC 增大。PFSPI-PAA-*x* 隔膜(0.38～0.15 Ω · cm^2)的 AR 随着 PAA 含量的增加而降低，且均低于 PFSPI 隔膜(0.53 Ω · cm^2)。值得注意的是：PFSPI-PAA-25 隔膜的 AR(0.15 Ω · cm^2)已低于 Nafion 212 隔膜(0.16 Ω · cm^2)。根据计算，PFSPI-PAA-25 隔膜的σ(30.67 mS/cm)和 Nafion 212 隔膜(31.75 mS/cm)十分相近。通常，质子在隔膜中的传导有两种机制：运输机制和 Grotthus 机制。PFSPI-PAA-25 隔膜具有优异质子传导率的原因可以从以下三个方面来解释：(1)PFSPI-PAA-25 隔膜中含有许多亲水性基团和质子传输基团[6]，如：—COOH 和—SO_3H。(2)主链疏水部分和交联结构亲水部分可形成微相分离结构，构建出新的质子传导通道。为了验证这一点，对 PFSPI 和 PFSPI-PAA-*x* 隔膜进行了小角 X 射线散射(SAXS)测试，结果如图 4-5(f)所示。由于 PFSPI-PAA-5 和 PFSPI-PAA-15 隔膜中亲水性 PAA 的含量相对低，因此在 SAXS 图中并未观察到相分离结构。但随着 PAA 使用量的继续增加，PFSPI-PAA-25 隔膜出现了明显的微相分离结构，SASfit 软件的数据拟合结果显示微相分离尺寸为 0.48 nm。水合质子的尺寸低于 0.24 nm，而水合多价钒离子的尺寸大于

0.6 nm，因此 PFSPI-PAA-25 隔膜微相分离形成的通道仅允许水合质子通过，阻止水合多价钒离子的渗透。因此，通过该分子结构设计，可以使 PFSPI-PAA-25 隔膜获得优异的σ值，并保持良好的阻钒性能。(3)PFSPI-PAA-25 和 Nafion 212 隔膜均具有 C—F 键。F 元素能与水形成氢键网络，也有益于隔膜的σ得到进一步提高。

4.2.4　化学稳定性分析

据报道，隔膜的降解主要与电解液中的 V(Ⅴ)有关。因此，我们将所制备的隔膜浸泡在强酸性 V(Ⅴ)溶液中，以评估其化学稳定性，结果如图 4-7(a)所示。所有曲线显示出相似的趋势：浸泡溶液中产生的 V(Ⅳ)浓度随时间的推移而增加。然而，在相同的时刻，PFSPI-PAA-*x* 隔膜产生的 V(Ⅳ)浓度低于 PFPSI 隔膜，这证明交联结构可以提高隔膜的化学稳定性。此外，随着 PAA 用量的增加，PFSPI-PAA-*x* 隔膜的化学稳定性略有下降。这是因为，PAA 用量的增加导致 PFSPI-PAA-*x* 隔膜 WU 升高，从而增加了 PFSPI-PAA-*x* 与 V(Ⅴ)的接触概率。与原始隔膜[图 4-7(b)]相比，PFSPI-PAA-25 隔膜在化学稳定性测试后仍具有良好的韧性和完整的宏观形貌[图 4-7(c)]。这一结果表明，C—F 键和交联结构的引入对提高 SPI 隔膜的化学稳定性具有重要意义[7]。

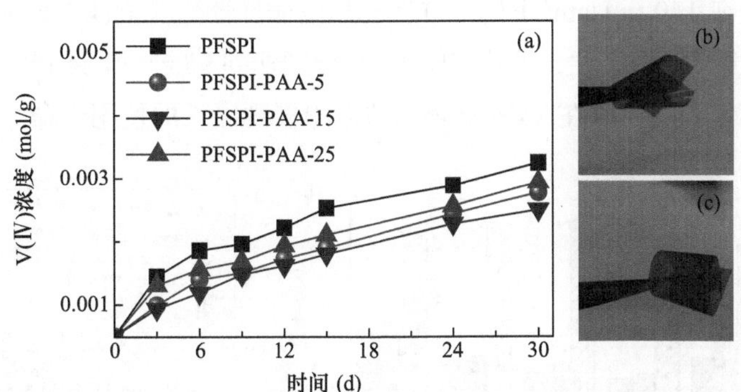

图 4-7　(a) PFSPI 和 PFSPI-PAA-*x* 隔膜浸泡于 40℃的 0.1 mol/L V(Ⅴ) + 3.0 mol/L H_2SO_4溶液中产生的 V(Ⅳ)浓度随时间的变化曲线；(b) PFSPI-PAA-25 隔膜的原始数码照片；(c) PFSPI-PAA-25 隔膜在浸泡实验后的数码照片

4.2.5 VFB 性能分析

由于 PFSPI 和 PFSPI-PAA-*x* 隔膜都具有优异的阻钒性能和良好的σ，因此将它们装配到 VFB 中，并记录电池在 140 mA/cm^2 下的效率进行对比，结果如图 4-8(a)所示。在 140 mA/cm^2 下，PFSPI 和 PFSPI-PAA-*x* 隔膜的 CE 均接近 100%。PFSPI 和 PFSPI-PAA-*x* 隔膜的 VE 变化趋势与其 AR 的变化趋势相符，且 PFSPI-PAA-25 隔膜的 VE(86.0%)略高于 Nafion 212 隔膜(84.6%)。因此，PFSPI 和 PFSPI-PAA-*x* 隔膜的 EE 也随着 VE 的增加而增大。在所有隔膜中，PFSPI-PAA-25 隔膜具有最高的 EE(85.0%)。以上结果说明，PFSPI-PAA-25 隔膜具有最好的 VFB 性能。在 60～300 mA/cm^2 下，使用 PFSPI-PAA-25 隔膜的 VFB(CE：97.3%～99.9%；EE：90.7%～73.6%)的 CE 和 EE 均高于使用 Nafion 212 隔膜的 VFB(CE：90.9%～96.5%；EE：84.7%～72.0%)[见图 4-8(b)]。最优 PFSPI-PAA-25 隔膜的最高电流密度可高达 200 mA/cm^2，处于顶尖水平，见图 4-8(c)[8-23]。此外，使用 PFSPI-PAA-25 隔膜(451.4 mW/cm^2)的 VFB 的峰值功率密度高于使用 Nafion 212 隔膜(427.9 mW/cm^2)的电池，见图 4-8(d)。基于以上实验结果，将最高电流密度与近年来报道的约 80%的 SPI 基隔膜的 EE 进行比较，可以认为将亲水性的 PAA 引入 SPI 基隔膜中，可以抑制隔膜的钒离子渗透，并提高其质子传导率。隔膜循环寿命对于 VFB 的实际应用具有重要意义。图 4-8(e)为装配 PFSPI-PAA-25 隔膜的 VFB 在 140 mA/cm^2 下的 500 次充放电循环性能。电池在该充放电循环过程中表现出优异的稳定性，平均 CE 和 EE 分别达到 98.6%和 84.1%。结果表明：PFSPI-PAA-25 隔膜可以在 VFB 循环充放电中展现出长的使用寿命。

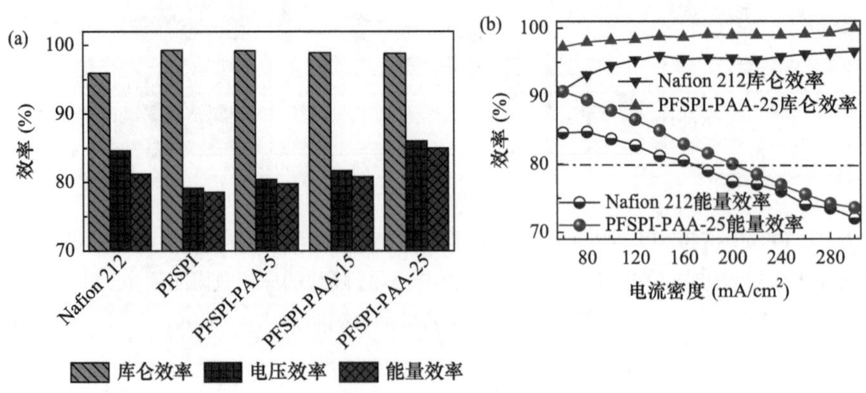

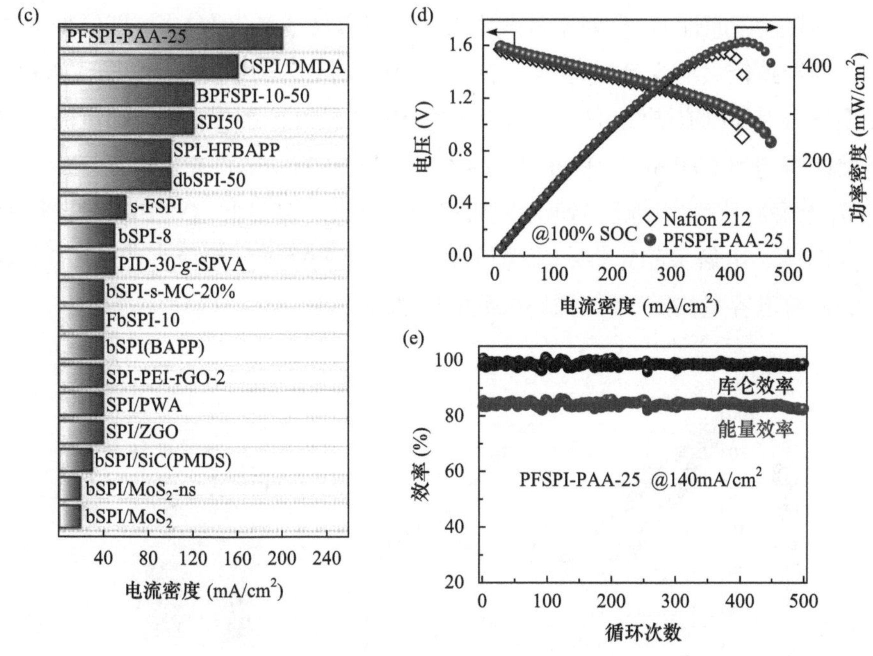

图 4-8　(a) 在 140 mA/cm² 下，装配 PFSPI、PFSPI-PAA-*x* 和 Nafion 212 隔膜的 VFB 效率；(b) 装配 PFSPI-PAA-25 隔膜的 VFB 在 60～300 mA/cm² 下的电池效率；(c) 近年来报道的 SPI 基隔膜的 VFB 性能对比[8-23]；(d) 装配 PFSPI-PAA-25 和 Nafion 212 隔膜的 VFB 的功率密度曲线；(e) 装配 PFSPI-PAA-25 隔膜的 VFB 的长循环效率

为了更加科学地评价隔膜的稳定性，VFB 在每个循环中的容量不应太低，从而保证具有足够的放电时间。因此，当 VFB 放电容量保留率降低至 20%时，对其正负极电解液进行更新替换，以获得更为有效的充放电循环性能。使用 PFSPI-PAA-25 和 Nafion 212 隔膜的 VFB 的放电容量保留情况如图 4-9(a)所示。当放电容量保留率从 100%降至 20%时，PFSPI-PAA-25 隔膜经历 256 次循环，而 Nafion 212 隔膜仅经历 163 次循环。这意味着 PFSPI-PAA-25 隔膜更有益于延迟 VFB 的容量衰减，进一步证明了其具有优异的阻钒性能。在第 256 次循环后更换正负极电解液，使用 PFSPI-PAA-25 隔膜的 VFB 放电容量恢复到原有水平，这表明 PFSPI-PAA-25 隔膜在 VFB 使用中具有稳定的循环性能。一般而言，VFB 容量损失可归于以下原因：(1)充电过程中的析氢反应和负极电解液中 V^{2+}被微量空气氧化，影响了两个半电池中充电物质与放电物质的摩尔比，从而导致容量损失[24]。尤

其是，具有强还原性的 V^{2+} 对空气非常敏感，很容易被氧化为 V^{3+}，即使少量空气进入也会导致较大的容量损失[25]。(2)水的迁移和钒离子的渗透也会导致 VFB 的容量损失，因为没有隔膜可以完全阻止水和钒离子的迁移[26]。正极和负极电解液的初始体积均为 50.0 mL，在 PFSPI-PAA-25 隔膜进行 256 次充放电循环后，大约 3.0 mL 电解液从负极侧迁移到正极侧[见图 4-9(b)]。基于此，VFB 容量在很大程度上受温度、电解液稳定性和流速以及电池结构的影响。因此，PFSPI-PAA-25 隔膜的充放电容量均随 VFB 循环次数的增加而减小。

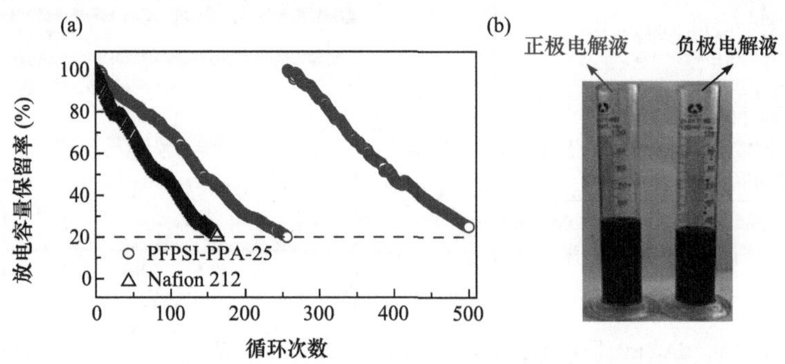

图 4-9　(a) PFSPI-PAA-25 和 Nafion 212 隔膜的放电容量保留率；(b) 装配 PFSPI-PAA-25 隔膜的 VFB 在 256 次循环后的正负极电解液体积

4.3　本章小结

以 PAA 为交联剂，通过调控 PAA 的使用量合成了一系列具有不同 PAA 含量的 PFSPI-PAA-*x* 隔膜。ATR-FTIR 和 ^{1}H NMR 证实了 PFSPI-PAA 隔膜的成功制备。对所制备的 PFSPI-PAA-*x* 隔膜进行了全面的理化性能表征，发现 PFSPI-PAA-*x* 隔膜的钒离子渗透率均远低于 Nafion 212 隔膜。此外，PFSPI-PAA-25 隔膜(0.15 $\Omega \cdot cm^2$)的面电阻低于 Nafion 212 隔膜(0.16 $\Omega \cdot cm^2$)。将所制备的 PFSPI、PFSPI-PAA-*x* 和 Nafion 212 隔膜分别应用于 VFB 中，进行了性能测试，PFSPI-PAA-25 隔膜电池展现出了最佳的性能。在 140 mA/cm^2 下，使用 PFSPI-PAA-25 隔膜的 VFB 在 500 次充放电循环中展现出稳定的 CE 和 EE，且其容量保留率也明显高于使用 Nafion 212 隔膜的 VFB。

参 考 文 献

[1] Yu L H, Wang L, Yu L W, Mu D, Wang L, Xi J Y. Aliphatic/aromatic sulfonated polyimide membranes with cross-linked structures for vanadium flow batteries. J Membr Sci, 2019, 572: 119-127.

[2] Yang P, Long J, Xuan S S, Wang Y L, Zhang Y P, Li J C, Zhang H P. Branched sulfonated polyimide membrane with ionic cross-linking for vanadium redox flow battery application. J Power Sources, 2019, 438: 226993.

[3] Zhao Y Y, Lu W J, Yuan Z Z, Qiao L, Li X F, Zhang H M. Advanced charged porous membranes with flexible internal crosslinking structures for vanadium flow batteries. J Mater Chem A, 2017, 5: 6193-6199.

[4] Wu L, Zhang Z H, Ran J, Zhou D, Li C R, Xu T W. Advances in proton-exchange membranes for fuel cells: An overview on proton conductive channels (PCCs). Phys Chem Chem Phys, 2013, 15: 4870-4887.

[5] Zhang Y X, Wang H X, Liu B, Shi J L, Zhang J, Shi H F. An ultra-high ion selective hybrid proton exchange membrane incorporated with zwitterion-decorated graphene oxide for vanadium redox flow batteries. J Mater Chem A, 2019, 7: 12669.

[6] Shin H Y, Cha M S, Hong S H, Kim T H, Yang D S, Lee J Y, Hong Y T. Poly(*p*-phenylene)-based membrane materials with excellent cell efficiencies and durability for use in vanadium redox flow batteries. J Mater Chem A, 2017, 5: 12285.

[7] Chen X L, Lu H X, Lin Q L, Zhang X, Chen D Y, Zheng Y Y. Partially fluorinated poly(arylene ether)s bearing long alkyl sulfonate side chains for stable and highly conductive proton exchange membranes. J Membr Sci, 2018, 549: 12-22.

[8] Yang P, Xuan S S, Long J, Wang Y L, Zhang Y P, Zhang H P. Fluorine-containing branched sulfonated polyimide membrane for vanadium redox flow battery applications. ChemElectroChem, 2018, 5: 3695-3707.

[9] Li J C, Yuan X D, Liu S Q, He Z, Zhou Z, Li A K. A low-cost and high performance sulfonated polyimide proton conductive membrane for vanadium redox flow/static batteries. ACS Appl Mater Interfaces, 2017, 9: 32643-32651.

[10] Wang L, Yu L H, Mu D, Yu L W, Wang L, Xi J Y. Acid-base membranes of imidazole-based sulfonated polyimides for vanadium flow batteries. J Membr Sci, 2018, 552: 167-176.

[11] Xu W J, Long J, Liu J, Wang Y L, Luo H, Zhang Y P, Li J C, Chu L Y, Duan H. Novel highly efficient branched polyfluoro sulfonated polyimide membranes for application in vanadium

redox flow battery. J Power Sources, 2021, 485: 229354.

[12] Long J, Xu W J, Xu S B, Liu J, Wang Y L, Luo H, Zhang Y P, Li J C, Chu L Y. A novel double branched sulfonated polyimide membrane with ultra-high proton selectivity for vanadium redox flow battery. J Membr Sci, 2021, 628: 119259.

[13] Chen Q, Ding L M, Wang L H, Yang H J, Yu X H. High proton selectivity sulfonated polyimides ion exchange membranes for vanadium flow batteries. Polymer, 2018, 10: 1315.

[14] Xia T F, Liu B, Wang Y H. Effects of covalent bond interactions on properties of polyimide grafting sulfonated polyvinyl alcohol proton exchange membrane for vanadium redox flow battery applications. J Power Sources, 2019, 433: 126680.

[15] Zhang Y P, Zhang S, Huang X D, Zhou Y Q, Pu Y, Zhang H P. Synthesis and properties of branched sulfonated polyimides for membranes in vanadium redox flow battery application. Electrochim Acta, 2016, 210: 308-320.

[16] Cao L, Kong L, Kong L Q, Zhang X X, Shi H F. Novel sulfonated polyimide/ zwitterionic polymer-functionalized graphene oxide hybrid membranes for vanadium redox flow battery. J Power Sources, 2015, 299: 255-264.

[17] Xu Y M, Wei W, Cui Y J, Liang H G, Nian F. Sulfonated polyimide/phosphotungstic acid composite membrane for vanadium redox flow battery applications. High Perform Polym, 2019, 31: 679.

[18] Cao L, Sun Q Q, Gao Y H, Liu L T, Shi H F. Novel acid-base hybrid membrane based on amine-functionalized reduced graphene oxide and sulfonated polyimide for vanadium redox flow battery. Electrochim Acta, 2015, 158: 23-34.

[19] Pu Y, Huang X D, Yang P, Zhou Y Q, Xuan S S, Zhang Y P. Effect of non-sulfonated diamine monomer on branched sulfonated polyimide membrane for vanadium redox flow battery application. Electrochim Acta, 2017, 241: 50-62.

[20] Long J, Yang H Y, Wang Y L, Xu W J, Liu J, Luo H, Li J C, Zhang Y P, Zhang H P. Branched sulfonated polyimide/sulfonated methylcellulose composite membrane with remarkable proton conductivity and selectivity for vanadium redox flow battery. ChemElectroChem, 2020, 7: 937-945.

[21] Zhang Y P, Pu Y, Yang P, Yang H Y, Xuan S S, Long J, Wang Y L, Zhang H P. Branched sulfonated polyimide/functionalized silicon carbide composite membranes with improved chemical stabilities and proton selectivities for vanadium redox flow battery application. J Mater Sci, 2018, 53: 14506-14524.

[22] Li J C, Zhang Y P, Zhang S, Huang X D. Sulfonated polyimide/s-MoS_2 composite membrane with high proton selectivity and good stability for vanadium redox flow battery. J Membr Sci,

2015, 490: 179-189.

[23] Pu Y, Zhu S, Wang P H, Zhou Y Q, Yang P, Xuan S S, Zhang Y P, Zhang H P. Novel branched sulfonated polyimide/molybdenum disulfide nanosheets composite membrane for vanadium redox flow battery application. Appl Surf Sci, 2018, 448: 186-202.

[24] Tang A, Bao J, Skyllas-Kazacos M. Dynamic modelling of the effects of ion diffusion and side reactions on the capacity loss for vanadium redox flow battery. J Power Sources, 2011, 196: 10737.

[25] Schafner K, Becker M, Turek T. Capacity balancing for vanadium redox flow batteries through electrolyte overflow. J Appl Electrochem, 2018, 48: 639.

[26] Agar E, Knehr K W, Chen D, Hickner M A, Kumbur E C. Species transport mechanisms governing capacity loss in vanadium flow batteries: Comparing Nafion® and sulfonated Radel membranes. Electrochim Acta, 2013, 98: 66.

第 5 章　含冠醚空腔结构支化磺化聚酰亚胺隔膜材料在全钒液流电池中的应用

将具有适当孔径的亲水性冠醚结构引入到支化 SPI 隔膜中，可解决质子传导和阻钒性能之间的平衡问题。本章介绍通过硝化反应与还原反应合成含冠醚结构的二胺单体，将冠醚空腔结构引入到支化 SPI 隔膜中，调控磺化度，制备含冠醚空腔结构的支化磺化聚酰亚胺(ce-bSPI-*x*)隔膜材料。选用支化 SPI 和冠醚主要是基于以下考虑：(1)支化 SPI 高分子链因其强而紧密的缠结能够有效阻止强氧化性的 V(Ⅴ)离子的进攻；(2)与常规线型 SPI 隔膜相比，支化 SPI 隔膜中钒离子的传输通道将更加弯曲且狭窄，有利于获得更优异的阻钒性能[1]；(3)引入孔径为 0.26～0.32 nm 的二氨基二苯并-18-冠-6(DABC)有利于水合质子的运输传递，同时抑制水合钒离子的交叉渗透(因为水合 V^{n+}的尺寸大于 0.60 nm，而水合 H^+的尺寸小于 0.24 nm)[2]。

5.1　DABC 单体的合成和 ce-bSPI 隔膜材料的制备

5.1.1　DABC 单体的合成

如图 5-1 所示，DABC 单体通过硝化反应和还原反应合成。将 7.20 g 二苯并-18-冠-6-醚(DBC)完全溶解在 80.0 mL 二氯甲烷和 90.0 mL 乙酸的混合溶剂中，然后缓慢加入 12.0 mL 乙酸酐和 20 mL 硝酸，反应在 50℃下保持反应 12 h。待反应完成后，将混合物倒入 150.0 mL 无水乙醇中，将所得产物抽滤、洗涤、干燥后，即得 7.15 g 二硝基二苯并-18-冠-6-醚(DNBC)(产率：79.44%)。

取上述 DNBC 4.50 g 与 0.20 g 钯碳均匀分散在 100.0 mL 无水乙醇中，然后缓慢滴加 30.0 mL 水合肼，于 80℃下反应 12 h。待反应完成后，抽滤并收集滤液，将滤液倒至 100.0 mL 去离子水中，将所得产物抽滤、洗涤、干燥后，即得 3.10 g

DABC(产率：79.49%)。

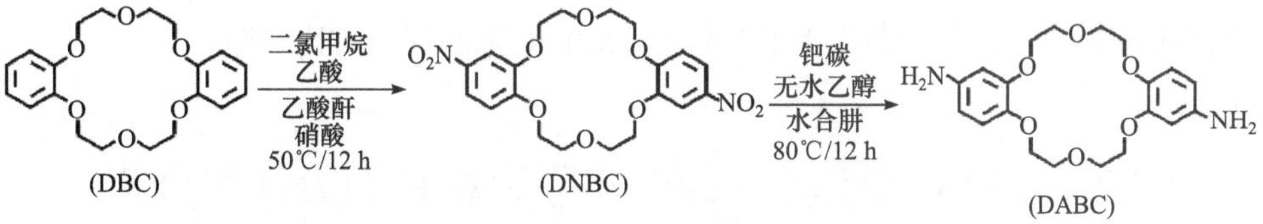

图 5-1　DABC 单体的合成路线

5.1.2　ce-bSPI 隔膜材料的制备

如图 5-2 所示，通过传统缩聚反应制备一系列磺化度为 *x*%的 ce-bSPI-*x* 隔膜材料，以 ce-bSPI-60 隔膜为例：首先，制备溶液 1#：将 0.83 g BDSA 和 1.80 mL TEA 在 60℃下完全溶解在 20.0 mL 间甲酚中，再加入 0.39 g DABC 和 0.24 g TFAPOB，在 60℃下保持反应 0.5 h。接下来，制备溶液 2#：将 1.07 g NTDA 和 0.98 g 苯甲酸在 60℃下完全溶解在 20.0 mL 间甲酚中。将 2#溶液缓慢滴入 1#溶液中，在 60℃下保持反应 24 h。随后，将上述溶液流延在清洁干燥的玻璃板上，然后在 80℃下加热 24 h，以实现酰亚胺化并除去过量的溶剂。最后，在 1.0 mol/L H_2SO_4 溶液中浸

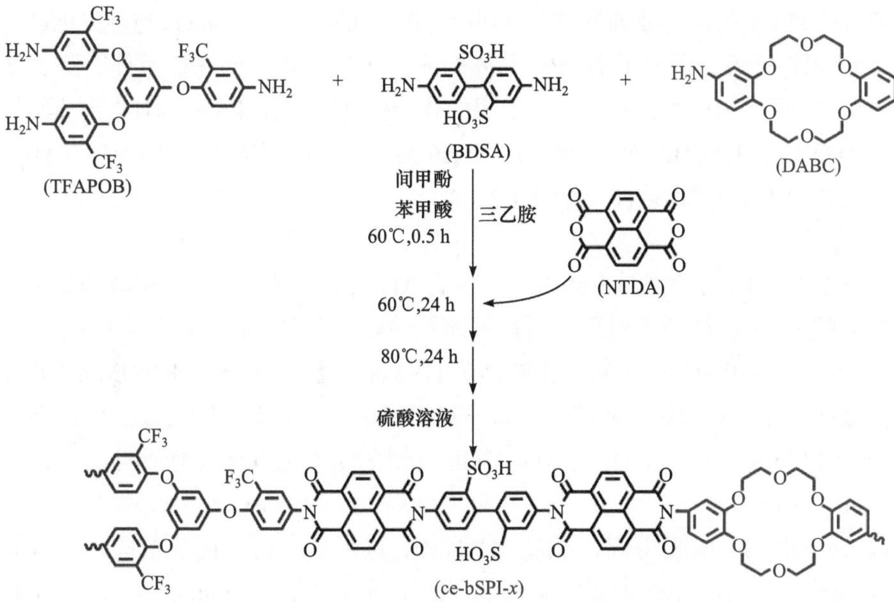

图 5-2　ce-bSPI-*x* 隔膜材料的制备路线

泡 24 h 以完成质子化过程，即得 ce-bSPI-60 隔膜。通过同样的流程制备磺化度为 50%和 70%的 ce-bSPI-*x* 隔膜。此外，引入 2,2-双[4-(4-氨基苯氧基)苯基]丙烷(BAPP)单体代替 DABC，并制备无冠醚结构的 bSPI-60 隔膜用以对比参照。

5.2 DABC 单体和 ce-bSPI 隔膜材料的表征与分析

5.2.1 FTIR、ATR-FTIR 和 ^{1}H NMR 分析

DBC、DNBC 和 DABC 单体的 FTIR 光谱如图 5-3(a)所示。对于 DNBC 单体：867 cm^{-1} 和 894 cm^{-1} 附近的吸收峰属于 C—N 的伸缩振动；—NO_2 的特征峰位于 1342 cm^{-1} 和 1592 cm^{-1} 处。对于 DABC 单体：C—N 的吸收峰可以在 1284 cm^{-1} 和 1614 cm^{-1} 处看到；—NO_2 基团已经还原为—NH_2 基团，这可以通过在 3201 cm^{-1} 和 3357 cm^{-1} 处的特征峰来充分证明。FTIR 的对比结果证明了 DABC 单体的成功合成。

DNBC 和 DABC 单体的 ^{1}H NMR 图谱见图 5-3(b)和(c)。对于 DNBC 单体，在 H3(7.1 ppm)、H2(7.7 ppm)和 H1(7.8 ppm)处有三个明显的化学位移，对应于苯环的质子。H5(3.8 ppm)和 H4(4.2 ppm)的特征峰属于冠醚环的亚甲基。此外，H1、H2、H3、H4 和 H5 的综合峰面积比为 1.00：1.00：0.98：4.20：4.21，与理论值(1：1：1：4：4)相接近，证实了 DNBC 单体的成功合成。对于 DABC 单体，除了苯环和冠醚环的质子信号之外，—NH_2 基团的化学位移出现在 4.6 ppm(H4)处。同时，测得的 DABC 的 H1、H2、H3、H4、H5 和 H6 的积分峰面积比(1.00：1.03：1.00：1.98：4.27：4.17)与理论值(1：1：1：2：4：4)吻合良好，表明 DABC 单体已成功合成。

如图 5-3(d)所示，所有 ce-bSPI-*x* 隔膜的 ATR-FTIR 光谱显示出相似的结果。对于酰亚胺环，C═O 的不对称和对称伸缩振动峰出现在 1666 cm^{-1} 和 1710 cm^{-1} 处，C—N 出峰于 1347 cm^{-1} 处。此外，在 1195 cm^{-1}、1099 cm^{-1} 和 981 cm^{-1} 处可以观察到—SO_3H 基团的吸收峰。—O—基团和—CF_3 基团的特征峰分别出现在 1245 cm^{-1} 和 1130 cm^{-1} 处。总之，ATR-FTIR 光谱的结果可以有效地证明 ce-bSPI-*x* 隔膜的成功制备。

以 ce-bSPI-60 隔膜为例，通过 ^{1}H NMR 进一步表征其化学结构，结果如图 5-3(e)所示。DABC 单体中亚甲基和苯环的质子分别在 3.5 ppm 和 6.5 ppm 左右观察到。7.9 ppm 处的化学位移来自 NTDA 和 BDSA 单体的 H。BDSA 单体的其

他 H 出现在 7.6 ppm。此外，6.5 ppm、7.0 ppm 和 7.5 ppm 左右的化学位移可视为 TFAPOB 单体的 H。根据这些结果可知，ce-bSPI-*x* 隔膜由 NTDA、BDSA、TFAPOB 和 DABC 单体成功制备。

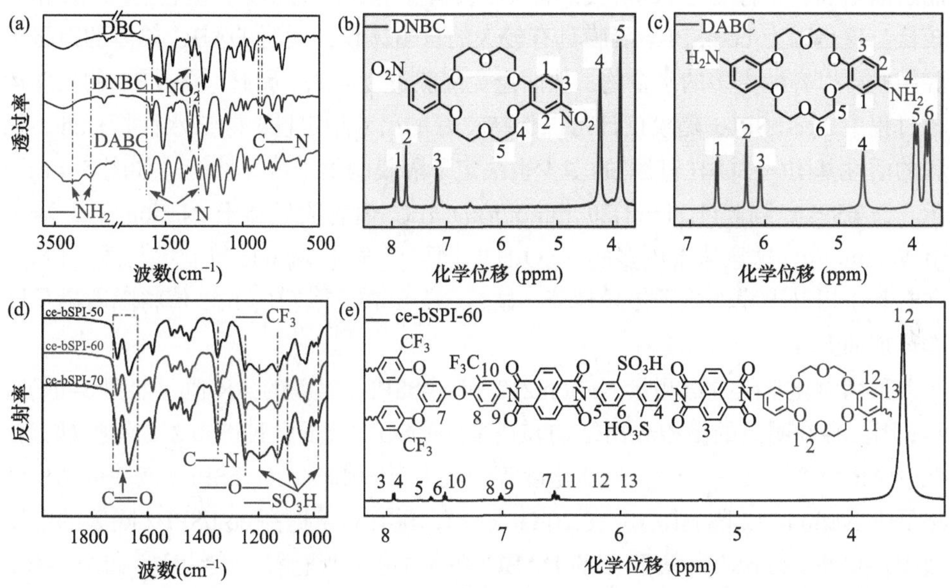

图 5-3　(a) DBC、DNBC 和 DABC 单体的 FTIR 光谱；(b) DNBC 和(c) DABC 单体的 ^{1}H NMR 图谱；(d) ce-bSPI-50、ce-bSPI-60 和 ce-bSPI-70 隔膜的 ATR-FTIR 光谱；(e) ce-bSPI-60 隔膜的 ^{1}H NMR 图谱

5.2.2　理化性能分析

从图 5-4(a)中可以清楚地看出，Nafion 212 隔膜和 ce-bSPI-*x* 隔膜在钒离子渗透率上存在显著差异，ce-bSPI-*x* 隔膜具有更好的阻钒能力。与 Nafion 212 隔膜相比，ce-bSPI-*x* 隔膜表现出较低的钒离子渗透率(P: 1.24×10^{-7}～1.85×10^{-7} cm^2/min)，这是由于其存在支化且钒离子传输通道狭窄。随着磺化度的增加，ce-bSPI-*x* 隔膜的 P 值增加，这是因为—SO_3H 基团增强了隔膜的亲水性。此外，Nafion 212 隔膜展现出较差的阻钒性能(7.25×10^{-7} cm^2/min)，这主要归因于其明显的微相分离结构。

除 P 值外，质子传导率作为另一个重要指标，在很大程度上取决于 WU 和 IEC。如图 5-4(b)所示，ce-bSPI-*x* 隔膜的 WU(31.48%～35.34%)高于 Nafion 212 隔膜(16.42%)，说明在 ce-bSPI-*x* 隔膜中，更多的质子将通过氢键网络进行传输、转移(Grotthuss 机理)[3]。同时，较高的 WU 有利于水合质子(H_3O^+，$H_5O_2^+$和 $H_9O_4^+$)的迁移，从而提高隔膜的质子传导性能[4,5]。由于更多亲水性 BDSA 单体参与缩聚，所有 ce-bSPI-*x* 隔膜的 WU 和 SR 都表现出相同的变化趋势，均随着磺化度的增加而逐渐增加。尽管所有 ce-bSPI-*x* 隔膜都具有相对较高的 WU，但它们的 SR 相对较低。这是因为 ce-bSPI-*x* 隔膜具有较大的自由体积，同时 DABC 单体的冠醚空腔结构可以容纳更多的水合物，从而避免隔膜过度溶胀。因此，在 VFB 的长期运行过程中，ce-bSPI-*x* 隔膜预计可以保持良好的尺寸稳定性。除亲水性指标外，隔膜的活性基团(—SO_3H 基团)的多少也决定了隔膜的质子传导性能。如图 5-4(c)所示，ce-bSPI-*x* 隔膜(1.21～1.29 mmol/g)的 IEC 值均明显高于 Nafion 212 隔膜(0.90 mmol/g)，这意味着更多的—SO_3H 基团可以通过 Vehicle 机制参与质子传导，亦有利于提升隔膜的质子传导性能。显然，ce-bSPI-*x* 隔膜的 IEC 值将随着磺化度的增加而升高。

采用电化学阻抗谱测量 Nafion 212 和 ce-bSPI-*x* 隔膜的 AR 值，如图 5-4(c)所示，因其存在明显的微相分离结构和适量的—SO_3H 基团，Nafion 212 隔膜具有较低的 AR 值(0.21 $\Omega \cdot cm^2$)。当磺化度等于或大于 60%时，ce-bSPI-*x* 隔膜的 AR 值略低于 Nafion 212 隔膜(0.18～0.20 $\Omega \cdot cm^2$)，这有利于提高 ce-bSPI-*x* 隔膜的电压效率。此外，ce-bSPI-*x* 隔膜中的 DABC 单体具有十八冠醚空腔结构。如图 5-4(d)所示，其孔径大小为 0.26～0.32 nm，有利于水合 H^+的渗透转移(半径<0.24 nm)和水合 V^{n+}的交叉渗透(半径>0.60 nm)。因此，ce-bSPI-*x* 隔膜中的这种结构可以表现出优异的选择透过性，以解决质子传导率和钒离子阻隔性之间的平衡问题。综上所述，其接近的 AR、相似的厚度以及更低的钒离子渗透率，导致所有 ce-bSPI-*x* 隔膜的质子选择性(PS)都是 Nafion 212 隔膜的 5 倍左右，这意味着 ce-bSPI-*x* 隔膜在 VFB 工作过程中应该具有更高的 EE。

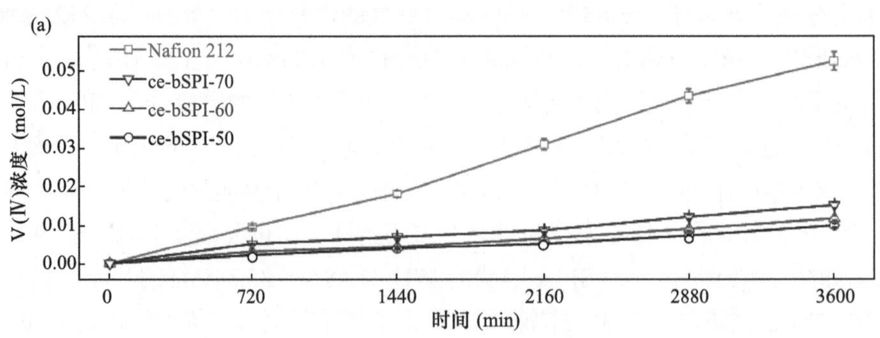

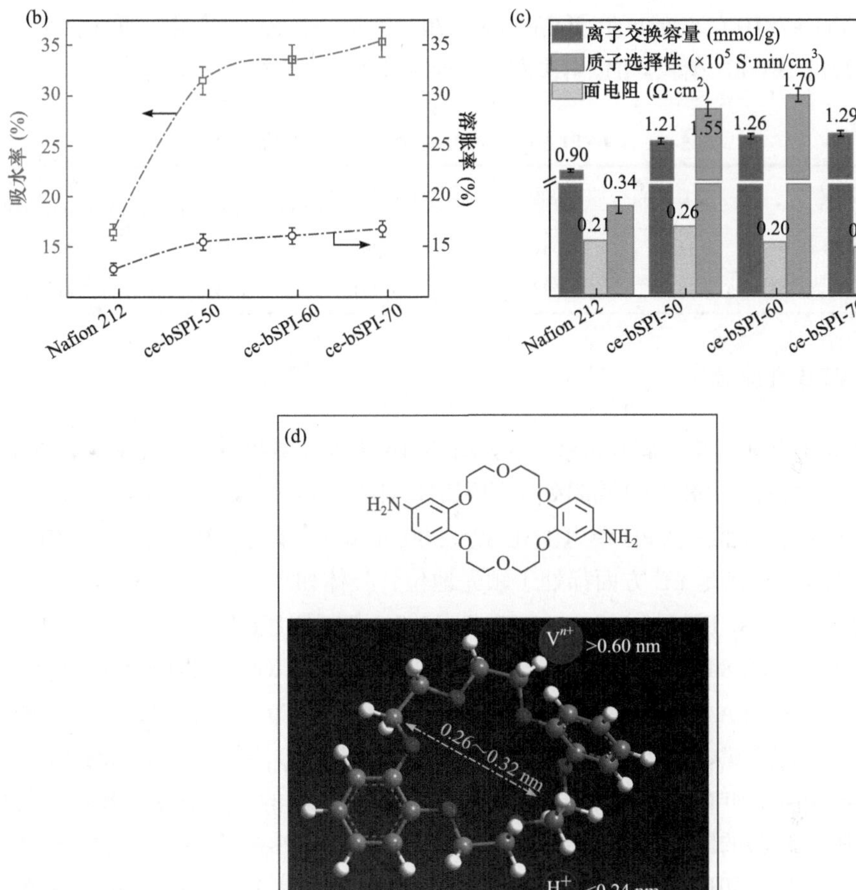

图 5-4　(a) 透过 Nafion 212 和 ce-bSPI-*x* 隔膜的 V(Ⅳ)浓度随时间的变化曲线；(b) Nafion 212 和 ce-bSPI-*x* 隔膜的 WU 和 SR；(c) Nafion 212 和 ce-bSPI-*x* 隔膜的 IEC、PS 和 AR；(d) DABC 单体分子结构和孔径尺寸三维示意图

为了进一步研究引入含冠醚的 DABC 单体对隔膜结构的影响，以 BAPP(一种常规的含氧二胺单体)代替 DABC 制备了磺化度和支化度与 ce-bSPI-60 隔膜相当的 bSPI-60 隔膜。如表 5-1 所示，由于冠醚环的存在，ce-bSPI-60 隔膜比 bSPI-60 隔膜具有更强的亲水性。即具有十八元空腔结构的 DABC 单体有利于吸收更多的水分子。因此，ce-bSPI-60 隔膜的 WU(33.56%)和 SR(16.12%)均高于 bSPI-60 隔膜(WU：30.54%；SR：15.38%)。此外，DABC 单体的孔径有利于质子的通过，阻碍了钒离子的交叉迁移。因此，与 bSPI-60 隔膜相比，ce-bSPI-60 隔膜表现出更低的 AR(0.20 $\Omega \cdot cm^2$)，

更低的 $P(1.47\times10^{-7}\ cm^2/min)$和更高的 PS$(1.70\times10^5\ S\cdot min/cm^3)$。总之，通过引入具有合适孔径的 DABC 单体，可以解决质子传导率和阻钒性能之间的平衡问题。

表 5-1　ce-bSPI-60 和 bSPI-60 隔膜的理化性质对比

隔膜	WU (%)	SR (%)	AR $(\Omega\cdot cm^2)$	P $(\times10^{-7}\ cm^2/min)$	PS $(\times10^5\ S\cdot min/cm^3)$
ce-bSPI-60	33.56	16.12	0.20	1.47	1.70
bSPI-60 (不含冠醚)	30.54	15.38	0.35	1.54	0.91

5.2.3　VFB 性能分析

VFB 单电池结构如图 5-5(a)所示。图 5-5(b)为大多数报道的 SPI 基隔膜的 EE 对比[1,6~36]，可见 ce-bSPI-60 隔膜处于领先地位。图 5-6(a～c)给出了装配 ce-bSPI-60 和 Nafion 212 隔膜的 VFB 单电池在 80～300 mA/cm^2 下的电池效率。ce-bSPI-60 隔膜无论在 CE 还是 EE 方面都处于领先地位，具体如下：ce-bSPI-60 隔膜(CE：96.50%～99.39%；EE：69.36%～85.45%)，Nafion 212 隔膜(CE：92.13%～96.13%；EE：66.36%～82.84%)。这些结果与上文提到的 P 和 PS 对比数据吻合。当电流密度增加到 200 mA/cm^2 以上时，ce-bSPI-60 隔膜的 VE(69.78%～77.86%)略高于 Nafion 212 隔膜(69.03%～77.74%)，这是因为 ce-bSPI-60 隔膜具有略低的 AR，此外，ce-bSPI-60 和 Nafion 212 隔膜的 VE 均随电流密度的减小而逐渐升高，主要归因于随之减弱的欧姆极化现象。对于 EE 来说，ce-bSPI-60 和 Nafion 212 隔膜具有相同的趋势，均随电流密度的增大而下降。然而在高达 140 mA/cm^2 的电流密度下，ce-bSPI-60 隔膜的 EE 也能达到 80.27%，能满足 VFB 的实际应用需求。如图 5-6(d)所示，ce-bSPI-60 隔膜的电池效率(CE：97.32%；EE：80.22%；VE：82.44%)均高于 bSPI-60 隔膜(97.05%，77.77%和 80.14%)，这主要是因为引入了 DABC 单体之后，ce-bSPI-60 隔膜的综合性能得到有效提升，从而获得更高的电池效率。

ce-bSPI-60 和 Nafion 212 隔膜的开路电压如图 5-6(e)所示。两种隔膜表现出相似的趋势，即电压缓慢衰减到 1.3 V，然后迅速降低到 0.8 V。与预期一样，ce-bSPI-60 隔膜具有更长的自放电时间(31.5 h)，为 Nafion 212 隔膜(11.5 h)的 2.73 倍。结果表明，ce-bSPI-60 隔膜具有更好的阻钒性能和电压保持能力。此外，我们还测试了 ce-bSPI-60 隔膜在 140 mA/cm^2 下的 1000 次长循环性能，以进一步评估其循环稳定性。在此过程中，CE 和 EE 均稳定，平均 CE 和 EE 能分别保持在 97.4%和 80.0%，表明 ce-bSPI-60 隔膜在 VFB 的实际运行环境下能够保持良好的稳定性。

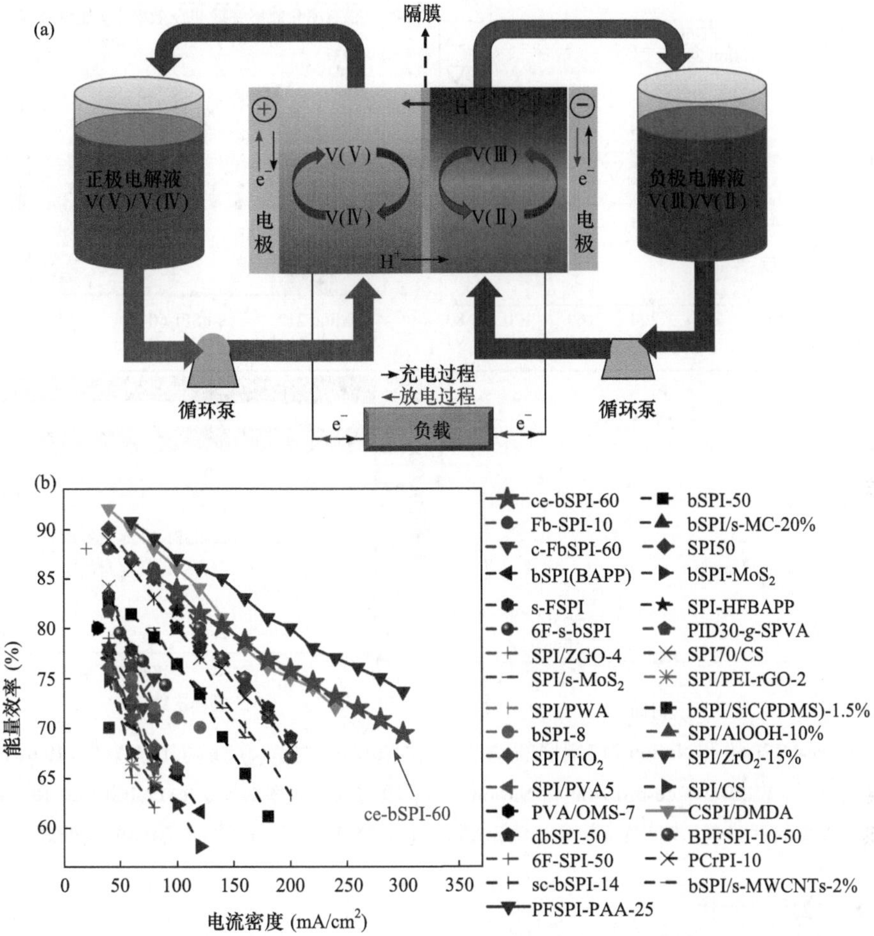

图 5-5　(a) VFB 单电池的结构示意图；(b) 近年来所报道的 SPI 基隔膜的 EE 对比[1,6-36]

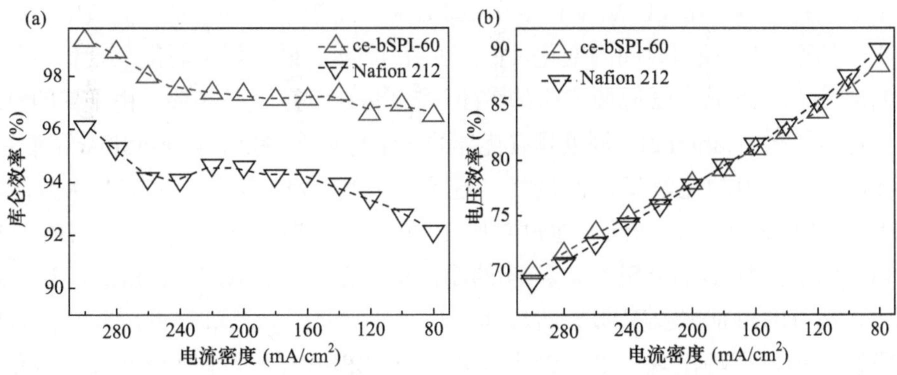

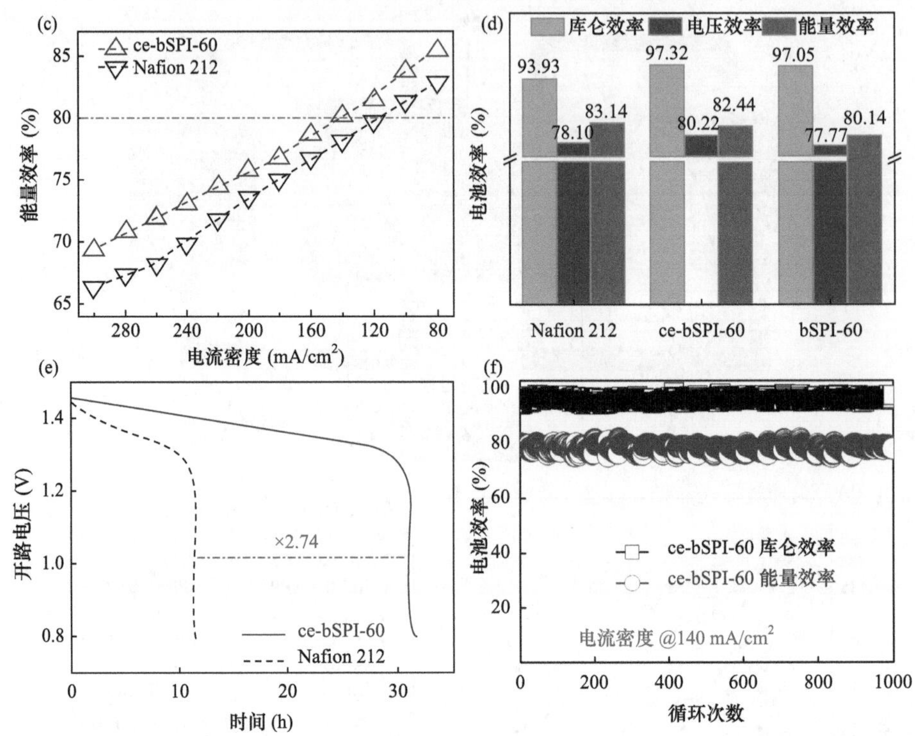

图 5-6　ce-bSPI-60 和 Nafion 212 隔膜的(a) CE 对比、(b) VE 对比、(c) EE 对比；(d) 在 140 mA/cm² 电流密度下，bSPI-60、ce-bSPI-60 和 Nafion 212 隔膜的电池效率对比；(e) ce-bSPI-60 和 Nafion 212 隔膜的开路电压对比；(f) 在 140 mA/cm² 电流密度下，ce-bSPI-60 隔膜的长循环性能

5.2.4　稳定性分析

为考察其非原位化学稳定性，将 ce-bSPI-*x* 和 Nafion 212 隔膜样品在 40℃条件下分别置于 0.1 mol/L V(Ⅴ) + 3.0 mol/L H_2SO_4 溶液中，记录浸泡液中生成的 V(Ⅳ)离子浓度随浸泡时间的变化。如图 5-7(a)所示，随着浸泡时间的延长，所有 ce-bSPI-*x* 和 Nafion 212 隔膜产生的 V(Ⅳ)离子浓度都呈上升趋势。由于聚四氟乙烯的稳定结构，Nafion 212 隔膜具有优异的化学稳定性。在所有 ce-bSPI-*x* 隔膜中，ce-bSPI-50 隔膜的化学稳定性最好，这是因为其 WU 最低，主链被水分子和 V(Ⅴ)进攻的概率大大降低。通过对比 1000 次充放电长循环前后的 ATR-FTIR 光谱和形貌来评估 ce-bSPI-60 隔膜的原位稳定性。根据图 5-7(b)的 ATR-FTIR 光谱，现有的特征峰没有明显的位移，其强度与原始 ce-bSPI-60 隔膜接近，同时没有新的特征峰出现。这些结果表明，ce-bSPI-60 隔膜即使经过长期的充放

电循环也能保持良好的化学结构稳定性。此外，ce-bSPI-60 隔膜在长期 VFB 运行过程中仍表现出良好的均一性和致密性，如图 5-7(c～f)所示，并没有出现明显的形貌变化。上述结果表明，ce-bSPI-60 隔膜具有良好的稳定性，能够满足 VFB 的实际应用需求。

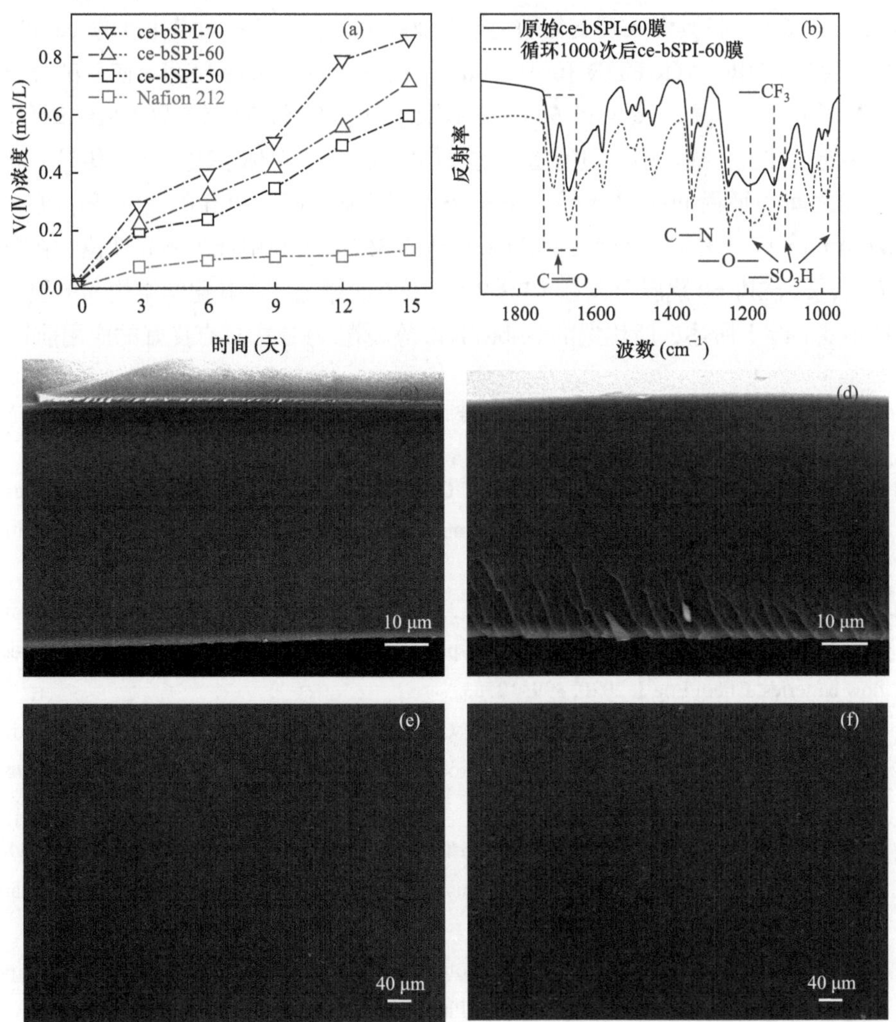

图 5-7　(a) 在 40℃条件下，0.1 mol/L V(Ⅴ) + 3.0 mol/L H_2SO_4 溶液中，每克样品隔膜产生的 V(Ⅳ)离子浓度随时间的变化；(b) 1000 次循环 VFB 测试前后 ce-bSPI-60 隔膜的 ATR-FTIR 光谱；ce-bSPI-60 隔膜的 SEM 图像：(c) 初始断面；(d) 1000 次充放电长循环后的断面；(e) 初始表面；(f) 1000 次充放电长循环后的表面

5.3 本章小结

本章介绍了通过硝化反应和还原反应成功合成了孔径合适、亲水性适中的 DABC 单体，并将其引入到支化磺化聚酰亚胺中，制备了不同磺化度的 ce-bSPI-*x* 隔膜。通过 FTIR、ATR-FTIR 和 ^{1}H NMR 对 DABC 单体和 ce-bSPI-*x* 隔膜的分子结构进行了表征。其中，ce-bSPI-60 隔膜具有优异的理化性能、较低的 AR 和更高的阻钒性能。并且，通过引入具有选择透过性的 DABC 单体解决了质子传导率和阻钒性能之间的平衡问题。此外，ce-bSPI-60 隔膜展现出更高的 CE 和 EE，在 140 mA/cm^2 下，EE 可达 80%，在近来报道的 SPI 基隔膜中处于领先地位。在长循环方面，ce-bSPI-60 隔膜可以在 VFB 中经 1000 次循环后，其化学结构和形貌几乎保持不变。综上所述，所优选的 ce-bSPI-60 隔膜在 VFB 中具有良好的应用前景。

参考文献

[1] Zhang Y P, Zhang S, Huang X D, Zhou Y Q, Pu Y, Zhang H P. Synthesis and properties of branched sulfonated polyimides for membranes in vanadium redox flow battery application. Electrochim Acta, 2016, 210: 308-320.

[2] Di M T, Hu L, Gao L, Yan X M, Zheng W J, Dai Y, Jiang X B, Wu X M, He G H. Covalent organic framework (COF) constructed proton permselective membranes for acid supporting redox flow batteries. Chem Eng J, 2020, 399: 12583.

[3] Ye J Y, Yu S H, Zheng C H, Sun T F, Liu J, Li H Y. Advanced hybrid membrane for vanadium redox flow battery created by polytetrafluoroethylene layer and functionalized silicon carbide nanowires. Chem Eng J, 2022, 427: 131413.

[4] Chen X L, Lu H X, Lin Q L, Zhang X, Chen D Y, Zheng Y Y. Partially fluorinated poly(arylene ether)s bearing long alkyl sulfonate side chains for stable and highly conductive proton exchange membranes. J Membr Sci, 2018, 549: 12-22.

[5] Hayes R L, Paddison S J, Tuckerman M E. Proton transport in triflic acid hydrates studied via path integral car-parrinello molecular dynamics. J Phys Chem B, 2009, 113: 16574-16589.

[6] Long J, Xu W J, Xu S B, Liu J, Wang Y L, Luo H, Zhang Y P, Li J C, Chu L Y. A novel double branched sulfonated polyimide membrane with ultra-high proton selectivity for vanadium redox flow battery. J Membr Sci, 2021, 628: 119259.

[7] Long J, Yang H Y, Wang Y L, Xu W J, Liu J, Luo H, Li J C, Zhang Y P, Zhang H P. Branched

sulfonated polyimide/sulfonated methylcellulose composite membrane with remarkable proton conductivity and selectivity for vanadium redox flow battery. ChemElectroChem, 2020, 7: 937-945.

[8] Yang P, Long J, Xuan S S, Wang Y L, Zhang Y P, Li J C, Zhang H P. Branched sulfonated polyimide membrane with ionic cross-linking for vanadium redox flow battery application. J Power Sources, 2019, 438: 226993.

[9] Li J C, Long J, Huang W H, Xu W J, Liu J, Luo H, Zhang Y P. Novel branched sulfonated polyimide membrane with remarkable vanadium permeability resistance and proton selectivity for vanadium redox flow battery application. Int J Hydrogen Energy, 2022, 47: 8883-8891.

[10] Li J C, Xu W J, Huang W H, Long J, Liu J, Luo H, Zhang Y P, Chu L Y. Stable covalent cross-linked polyfluoro sulfonated polyimide membranes with high proton conductance and vanadium resistance for application in vanadium redox flow batteries. J Mater Chem A, 2021, 9: 24704-24711.

[11] Yang P, Xuan S S, Long J, Wang Y L, Zhang Y P, Zhang H P. Fluorine-containing branched sulfonated polyimide membrane for vanadium redox flow battery applications. ChemElectroChem, 2018, 5: 3695-3707.

[12] Pu Y, Huang X D, Yang P, Zhou Y Q, Xuan S S, Zhang Y P. Effect of nonsulfonated diamine monomer on branched sulfonated polyimide membrane for vanadium redox flow battery application. Electrochim Acta, 2017, 241: 50-62.

[13] Zhang Y P, Pu Y, Yang P, Yang H Y, Xuan S S, Long J, Wang Y L, Zhang H P. Branched sulfonated polyimide/functionalized silicon carbide composite membranes with improved chemical stabilities and proton selectivities for vanadium redox flow battery application. J Mater Sci, 2018, 53: 14506-14524.

[14] Li J C, Zhang Y P, Zhang S, Huang X D. Sulfonated polyimide/s-MoS_2 composite membrane with high proton selectivity and good stability for vanadium redox flow battery. J Membr Sci, 2015, 490: 179-189.

[15] Li J C, Yuan X D, Liu S Q, He Z, Zhou Z, Li A K. A low-cost and high performance sulfonated polyimide proton conductive membrane for vanadium redox flow/static batteries. ACS Appl Mater Interfaces, 2017, 9: 32643-32651.

[16] Yu H L, Xia Y F, Zhang H W, Wang Y H. Preparation of sulfonated polyimide/ polyvinyl alcohol composite membrane for vanadium redox flow battery applications. Polym Bull, 2021, 78: 4183-4204.

[17] Cao L, Sun Q Q, Gao Y H, Liu L T, Shi H F. Novel acid-base hybrid membrane based on amine-functionalized reduced graphene oxide and sulfonated polyimide for vanadium redox

flow battery. Electrochim Acta, 2015, 158: 23-34.

[18] Cao L, Kong L, Kong L Q, Zhang X X, Shi H F. Novel sulfonated polyimide/ zwitterionic polymer-functionalized graphene oxide hybrid membranes for vanadium redox flow battery. J Power Sources, 2015, 299: 255-264.

[19] Xu Y M, Wei W, Cui Y J, Liang H G, Nian F. Sulfonated polyimide/ phosphotungstic acid composite membrane for vanadium redox flow battery applications. High Perform Polym, 2019, 31: 679-685.

[20] Yu L H, Wang L, Yu L W, Mu D, Wang L, Xi J Y. Aliphatic/aromatic sulfonated polyimide membranes with cross-linked structures for vanadium flow batteries. J Membr Sci, 2019, 572: 119-127.

[21] Pu Y, Zhu S, Wang P H, Zhou Y Q, Yang P, Xuan S S, Zhang Y P, Zhang H P. Novel branched sulfonated polyimide/molybdenum disulfide nanosheets composite membrane for vanadium redox flow battery application. Appl Surf Sci, 2018, 448: 186-202.

[22] Li J C, Liu S Q, He Z, Zhou Z. A novel branched side-chain-type sulfonated polyimide membrane with flexible sulfoalkyl pendants and trifluoromethyl groups for vanadium redox flow batteries. J Power Sources, 2017, 347: 114-126.

[23] Li J C, Liu S Q, He Z, Zhou Z. Semi-fluorinated sulfonated polyimide membranes with enhanced proton selectivity and stability for vanadium redox flow batteries. Electrochim Acta, 2016, 216: 320-331.

[24] Huang X D, Zhang S, Zhang Y P, Zhang H P, Yang X P. Sulfonated polyimide/chitosan composite membranes for a vanadium redox flow battery: Influence of the sulfonation degree of the sulfonated polyimide. Polym J, 2016, 48: 905-918.

[25] Liu S, Wang L H, Zhang B, Liu B Q, Wang J J, Song Y L. Novel sulfonated polyimide/polyvinyl alcohol blend membranes for vanadium redox flow battery applications. J Mater Chem A, 2015, 3: 2072-2081.

[26] Zhang Y P, Li J C, Zhang H P, Zhang S, Huang X D. Sulfonated polyimide membranes with different non-sulfonated diamines for vanadium redox battery applications. Electrochim Acta, 2014, 150: 114-122.

[27] Zhang Y P, Li J C, Wang L, Zhang S. Sulfonated polyimide/AlOOH composite membranes with decreased vanadium permeability and increased stability for vanadium redox flow battery. J Solid State Electro, 2014, 18: 3479-3490.

[28] Li J C, Zhang Y P, Zhang S, Huang X D, Wang L. Novel sulfonated polyimide/ZrO_2 composite membrane as a separator of vanadium redox flow battery. Polym Adv Technol, 2014, 25: 1610-1615.

[29] Li J C, Zhang Y P, Wang L. Preparation and characterization of sulfonated polyimide/TiO_2 composite membrane for vanadium redox flow battery. J Solid State Electro, 2014, 18: 729-737.

[30] Yue M Z, Zhang Y P, Wang L. Sulfonated polyimide/chitosan composite membrane for vanadium redox flow battery: Influence of the infiltration time with chitosan solution. Solid State Ionics, 2012, 217: 6-12.

[31] Yue M Z, Zhang Y P, Wang L. Sulfonated polyimide/chitosan composite membrane for vanadium redox flow battery: Membrane preparation, characterization, and single cell performance. J Appl Polym Sci, 2013, 127: 4150-4159.

[32] Yue M Z, Zhang Y P, Chen Y. Preparation and properties of sulfonated polyimide proton conductive membrane for vanadium redox flow battery. Adv Mater Res, 2011, 239: 2779-2784.

[33] Xu W J, Long J, Liu J, Wang Y L, Luo H, Zhang Y P, Li J C, Chu L Y, Duan H. Novel highly efficient branched polyfluoro sulfonated polyimide membranes for application in vanadium redox flow battery. J Power Sources, 2021, 485: 229354.

[34] Li J C, Liu J, Xu W J, Long J, Huang W H, Zhang Y P, Chu L Y. Highly ion-selective sulfonated polyimide membranes with covalent self-crosslinking and branching structures for vanadium redox flow battery. Chem Eng J, 2021, 437: 135414.

[35] Zhang M M, Wang G, Li A F, Wei X Y, Li F, Zhang J, Chen J W, Wang R L. Novel sulfonated polyimide membrane blended with flexible poly[bis(4-methylphenoxy) phosphazene] chains for all vanadium redox flow battery. J Membr Sci, 2021, 619: 118800.

[36] Xia T F, Liu B, Wang Y H. Effects of covalent bond interactions on properties of polyimide grafting sulfonated polyvinyl alcohol proton exchange membrane for vanadium redox flow battery applications. J Power Sources, 2019, 433: 126680.

第 6 章　多氟甲基稳定型支化磺化聚酰亚胺隔膜材料在全钒液流电池中的应用

本章介绍一种新型含有疏水性基团三氟甲基($—CF_3$)的二胺单体 2-甲基-1,4-双(4-氨基-2-三氟甲基)苯(FAPOB)的合成。然后使用该单体构建用于 VFB 的支化磺化聚酰亚胺(SPI-B-*x*)隔膜，其中 *x*%表示磺化度。SPI-B 隔膜具有支化节点、三氟甲基和磺酸基团，同时，通过控制支化单体 TFAPOB 的用量、调节二胺单体 FAPOB 与 BDSA 的比例，准确地调节了 SPI-B 隔膜的支化度(10%)和磺化度。SPI-B 隔膜的开发基于以下考虑：(1)$—CF_3$ 基团的存在会降低 SPI-B 聚合物主链的电子云密度，从而提高 SPI-B 隔膜的化学稳定性；(2)通过调节磺化度，可以在隔膜内构建连续的质子传导通道；(3)引入支化结构并控制支化度不仅可以提高 SPI-B 隔膜的稳定性，而且能增加分子链间距并加速质子传导。

6.1　FAPOB 单体的合成和 SPI-B 隔膜材料的制备

6.1.1　FAPOB 单体的合成

首先，将 4.00 g 2-甲基对苯二酚、14.57 g 2-氯-5-硝基三氟甲苯和 80.0 mL *N*, *N*-二甲基甲酰胺加入到烧瓶中，搅拌至固体完全溶解。随后将 6.50 g K_2CO_3 加入到烧瓶中并搅拌 0.5 h，再升温至 110℃反应 8 h，将混合溶液倒入去离子水中获得棕色产物。在 60℃下干燥 24 h 后，成功获得 15.36 g 2-甲基-1,4-双(4-硝基-2-三氟甲基)苯(FNPOB)。

接下来，将合成的 15.00 g FNPOB、0.37 g $FeCl_3·6H_2O$、3.80 g 活性炭和 150.0 mL 无水乙醇加入到烧瓶中，加热至 80℃以活化活性炭，然后冷却至 70℃，缓慢滴入 50.0 mL 水合肼，并在 70℃下保持 13 h，将混合溶液倒至去离子水中获得白色产物。在 60℃下干燥 24 h 后，成功获得 FAPOB。合成路线如图 6-1 所示。

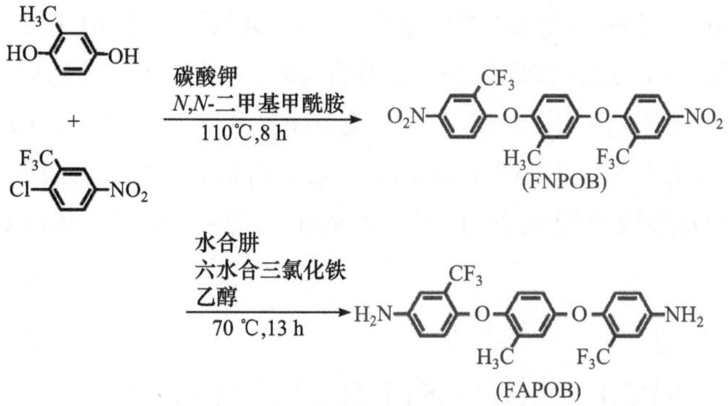

图 6-1　FAPOB 的合成路线

6.1.2　SPI-B 隔膜材料的制备

通过缩聚反应制备磺化度为 *x*%的 SPI-B-*x* 隔膜材料，其制备路线如图 6-2 所示，以磺化度为 50%的 SPI-B-50 为例：首先，将 1.96 g 苯甲酸和 2.15 g NTDA 溶解在含有 40.0 mL 间甲酚的烧瓶中。在烧杯中，将 1.38 g BDSA 溶解在相同体积

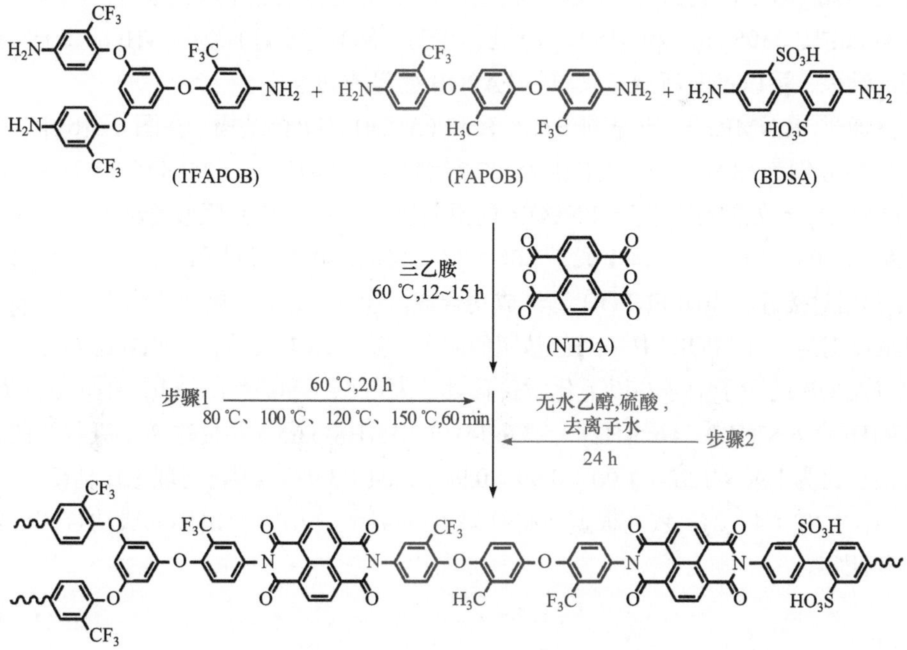

图 6-2　SPI-B-*x* 隔膜材料的制备路线

的、含有 2.6 mL 三乙胺的间甲酚中；随后，加入 0.48 g TFAPOB 和 1.24 g FAPOB。将烧杯中的溶液小心地转移到烧瓶中，并在 60℃下反应 13 h。然后将烧瓶中得到的溶液浇铸到玻璃板上，先在 60℃下干燥 20 h，再将其在 80℃、100℃、120℃和 150℃等各温度下分别干燥 1 h，揭膜。最后，将获得的隔膜分别在无水乙醇和 1.0 mol/L H_2SO_4溶液中浸泡 24 h，再用去离子水进一步冲洗，从而获得 SPI-B-50 隔膜。

6.2　FAPOB 单体与 SPI-B 隔膜材料的表征与分析

6.2.1　FAPOB 的 FTIR 和 ^{1}H NMR 分析

合成的FNPOB和FAPOB单体的FTIR结果见图6-3(a)。在1529 cm^{-1}和1351 cm^{-1}处的吸收峰归为 FNPOB 中—NO_2的伸缩振动。同时，在 1251 cm^{-1}和 1140 cm^{-1}处检测到 C—O 和 C—F 的吸收峰，表明含有—NO_2的 FNPOB 已经成功合成。此外，在FAPOB中没有出现—NO_2吸收峰，而—NH_2的伸缩振动峰出现在3476 cm^{-1}、3434 cm^{-1}、3395 cm^{-1}和 3350 cm^{-1}处，表明—NO_2完全还原为—NH_2。基于所获得的结果，可以推断新型二胺单体 FAPOB 已经成功合成。

通过 ^{1}H NMR 进一步表征 FNPOB 和 FAPOB 的单体结构。在图 6-3(b)中，化学位移分别为 8.54(H1)、8.47(H2)、7.37(H3)、7.34(H5)、7.24(H4)、7.08(H6)和 2.15(H7)ppm 处的峰对应于 FNPOB 的不同质子，并且 7 个吸收峰的积分面积比(1.99：2.08：2.05：1.04：1.02：1.05：3.04)与理论积分面积比(2：2：2：1：1：1：3)相对接近，表明 FNPOB 已经成功合成。图 6-3(c)中，化学位移为 5.37 ppm 处的峰对应于 FAPOB 中—NH_2基团的质子，这一结果表明，—NO_2已经完全还原。FAPOB 的质子信号在以下化学位移处清晰可见：6.90(H1)、6.83(H3)、6.81(H7)、6.76(H6)、6.67(H5)、66.5(H2)、5.37(H4)和 2.15(H8)ppm，并且这 8 个吸收峰的积分面积比为 1.96：1.92：1.00：0.99：0.96：2.04：3.98：2.94，与理论比值(2：2：1：1：1：2：4：3)一致。根据所得结果可以推断：FAPOB 单体的成功合成已经得到证实。

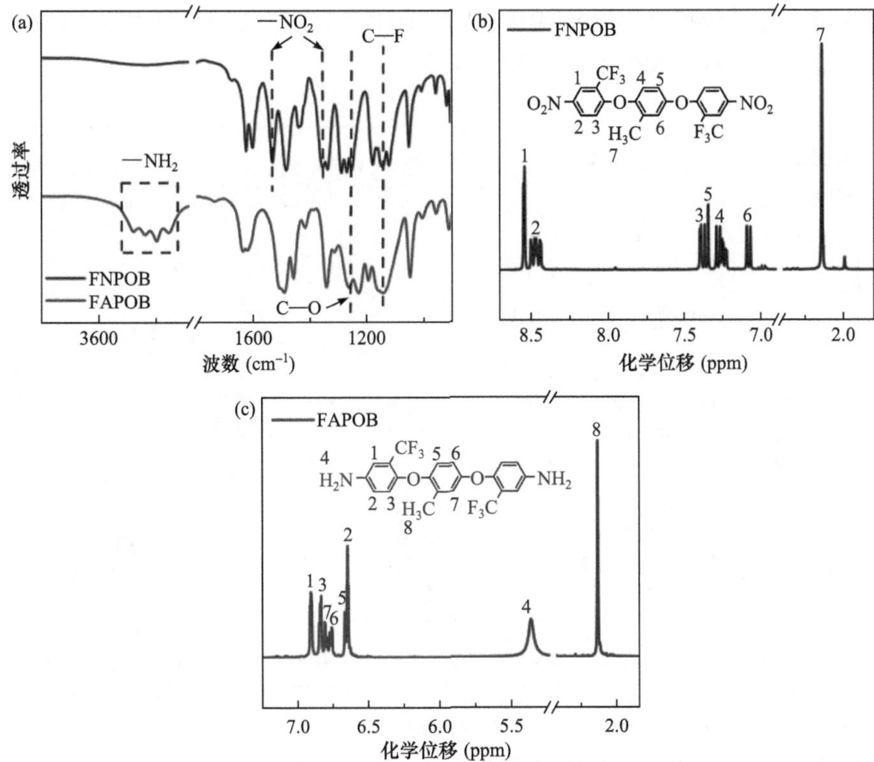

图 6-3 (a) FNPOB 和 FAPOB 的 FTIR 光谱；(b,c) FNPOB 和 FAPOB 的 ^{1}H NMR 图谱

6.2.2 SPI-B 隔膜材料的 ATR-FTIR、^{1}H NMR 和 XPS 分析

所有 SPI-B-*x* 隔膜材料的化学结构通过 ATR-FTIR 进行表征，其结果如图 6-4(a)所示。在 1713 cm^{-1} 和 1671 cm^{-1} 处观察到 C═O 的不对称和对称伸缩振动特征峰[1]，C—N 伸缩振动峰在 1346 cm^{-1} 处，—SO_3H 基团的吸收峰在 1185 cm^{-1}、1050 cm^{-1} 和 1028 cm^{-1} 处检测到。在 1130 cm^{-1} 和 1247 cm^{-1} 处的吸收峰被归属为—CF_3 和—O—基团[2]，—CF_3 和—O—的峰值强度随着 FAPOB 量的增加而增加。结果表明，新型功能性二胺单体 FAPOB 已成功地引入到 SPI-B 隔膜中。

将 ^{1}H NMR 用于进一步确定 SPI-B-50 隔膜的化学结构，结果如图 6-4(b)所示，所有的峰都可以合理地对应于 SPI-B-50 隔膜的分子结构。BDSA 上的质子峰分别位于 8.10(Ho)、8.00(Hm)和 7.79(Hn)ppm。此外，7.68(Hc)、7.56(Ha)、7.49(Hb)和 6.61(Hd)ppm 归属于 TFAPOB 上的质子。FAPOB 苯环上的质子化学位移分别为 7.57(Hh)、7.54(Hi)、7.43(Hk)、7.37(Hl)、7.26(Hg)和 7.16(Hj)ppm，而 NTDA

苯环上质子化学位移分别为 8.84(He)和 8.81(Hf)ppm。^{1}H NMR 和 ATR-FTIR 结果表明，已成功制备出 SPI-B-50 隔膜。

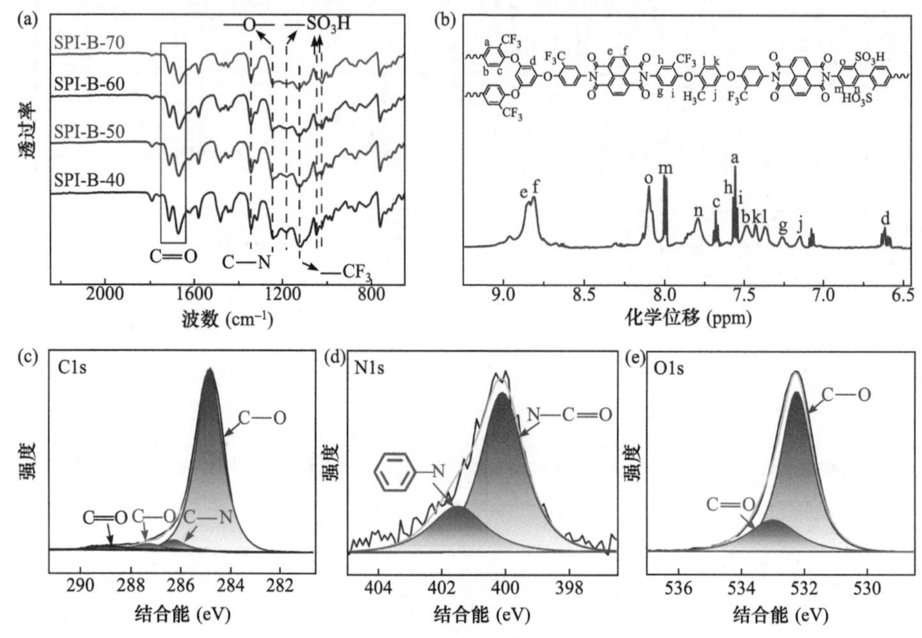

图 6-4 (a) SPI-B-x 隔膜的 ATR-FTIR 光谱；(b～e) SPI-B-50 隔膜的 ^{1}H NMR 和 XPS 谱

此外，SPI-B-50 隔膜的 XPS 谱如图 6-4(c～e)所示。C1s 谱中，在 288.8 eV(C═O)、287.3 eV(C—O)、286.2 eV(C—N)和 284.8 eV 处有四个特征峰。在 N1s 谱中，400.1 eV 和 401.5 eV 处的两个峰分别属于 N—C═O 和与苯环相连的氮。O1s 谱中，在 532.2 eV(C—O)和 533.0 eV(C═O)处观察到两个特征峰。XPS 数据有效地验证了 SPI-B-50 隔膜的成功制备。

6.2.3 吸水率、溶胀率、离子交换容量和孔隙率分析

与 Nafion 212 隔膜相比，所有 SPI-B 隔膜的 WU 都更高，如图 6-5(a)所示。这种差异有其内在原因，分析如下：(1)SPI-B 隔膜分子具有树状三维空间结构，类似于 Xie 等[3,4]和 Ni 等[5]所提出的观点，具有三个反应性—NH_2 基团的支链单体 TFAPOB 被引入到 SPI-B 聚合物中，这种三维分支结构使 SPI-B 隔膜获得比 Nafion 212 隔膜更大的自由体积，因此与 Nafion 212 隔膜相比，SPI-B 隔膜具有更高的吸水率。(2)与 Nafion 212 隔膜相比，SPI-B 隔膜含有更高浓度的亲水性—SO_3H 基团，促进水的吸收。

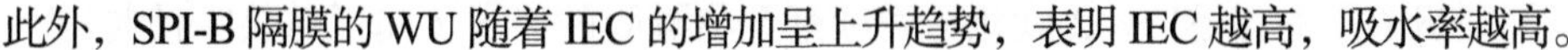

此外，SPI-B 隔膜的 WU 随着 IEC 的增加呈上升趋势，表明 IEC 越高，吸水率越高。

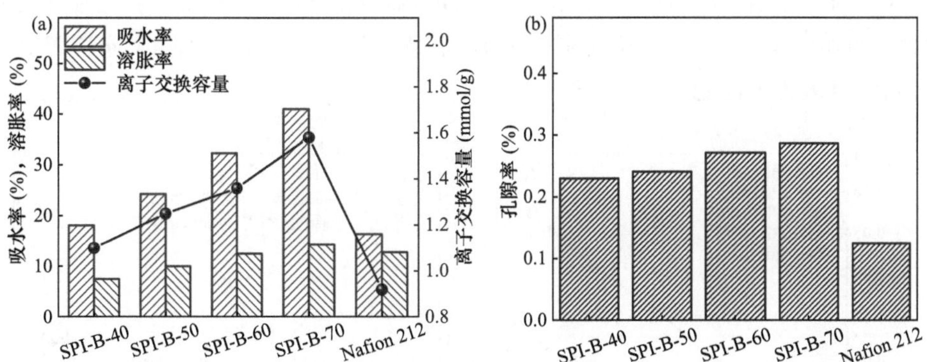

图 6-5　(a) SPI-B 和 Nafion 212 隔膜的吸水率、溶胀率和离子交换容量；(b) SPI-B 和 Nafion 212 隔膜的孔隙率

SPI-B 和 Nafion 212 隔膜的孔隙率如图 6-5(b)所示。SPI-B 隔膜的孔隙率(0.23%～0.29%)高于 Nafion 212 隔膜(0.13%)，表明具有支链结构的 SPI-B 隔膜具有更大的自由体积。这些结果进一步解释了 SPI-B 隔膜与 Nafion 212 隔膜相比具有更高的吸水率。此外，SPI-B 的孔隙率随着 IEC 的增加而增加，这可能归因于亲水性磺酸基团的增加。

隔膜的 SR 对其尺寸稳定性和机械性能起着重要作用。随着 SPI-B 隔膜 IEC 的增加，它们的 SR 也增加，导致隔膜的尺寸稳定性较差。然而，除了 SPI-B-70 隔膜之外，其他 SPI-B 隔膜的 SR 都低于 Nafion 212 隔膜，这表明 SPI-B 隔膜在 VRB 的应用过程中表现出良好的尺寸稳定性。此外，SPI-B 隔膜的 IEC(1.10～1.58 mmol/g)明显高于 Nafion 212 隔膜(0.92 mmol/g)，这表明 SPI-B 隔膜具有更多的游离—SO_3H 基团，能够有效促进质子传导。

6.2.4　钒离子渗透率、面电阻和质子选择性分析

如图 6-6(a)所示，与 Nafion 212 隔膜相比，在同一时间段内，V(Ⅳ)透过 SPI-B 隔膜的速率较低，这表明 SPI-B 隔膜具有更强的阻钒离子性能。事实上，与钒离子渗透率为 7.36×10^{-7} cm^2/min 的 Nafion 212 隔膜相比，SPI-B 隔膜对钒离子的渗透率明显低[$(0.50～3.30)\times10^{-7}$ cm^2/min]，这可归因于 SPI-B 隔膜具有芳香族聚合物骨架，有效地阻碍了钒离子的渗透。基于以下原因，磺化芳香族聚合物隔膜具有低钒离子渗透性：(1)芳香族聚合物的主链具有高刚性和低溶胀率的特点，有利

于抑制钒离子的渗透[6]。(2)磺化芳香族聚合物隔膜的离子传输通道狭窄且曲折[7]。因此，与具有柔性脂肪族聚四氟乙烯骨架的 Nafion 212 隔膜相比，磺化芳香族聚合物(如磺化聚酰亚胺[6,7]、磺化聚醚醚酮[8]和磺化聚芴醚酮砜[9]等)隔膜通常表现出更高的阻钒离子性能。

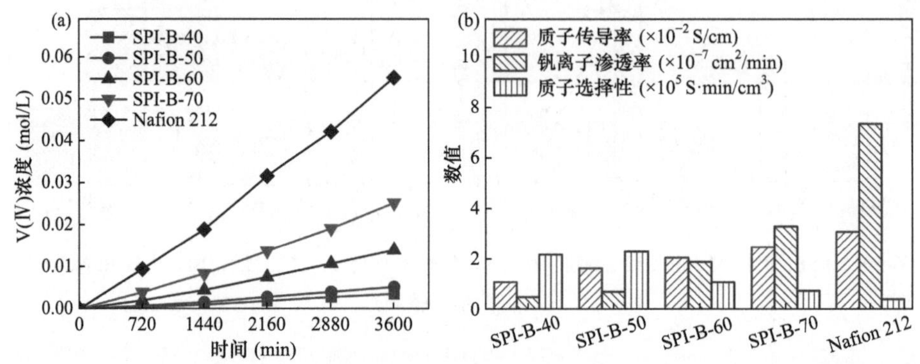

图 6-6　(a) 透过 SPI-B 和 Nafion 212 隔膜的 V(Ⅳ)浓度随时间的变化；(b) SPI-B 和 Nafion 212 隔膜的质子传导率、钒离子渗透率和质子选择性

隔膜的 AR 受微相分离结构、IEC 和 WU 的影响[10]。故此，利用电化学阻抗谱测定了 SPI-B 和 Nafion 212 隔膜的 AR 值。SPI-B 隔膜的 AR 值(0.17～0.37 $\Omega \cdot cm^2$)随 IEC 和 WU 的增加而降低。此外，由于不太明显的微相分离，所有 SPI-B 隔膜都表现出比 Nafion 212 隔膜(0.16 $\Omega \cdot cm^2$)更高的 AR。如图 6-6(b)所示，SPI-B 隔膜的质子传导率随着 IEC 的升高而逐渐增加，这可以通过以下原因来解释：(1)—SO_3H 基团的数量增加；(2)面电阻降低[11]。Nafion 212 隔膜具有明显的亲/疏水微相分离结构，所以质子传导率超过 SPI-B 隔膜[12]。质子选择性一直被视为隔膜综合性能的最重要指标之一[13-15]，它是通过质子传导率除以钒离子渗透率来计算的。SPI-B 隔膜的质子选择性范围为(0.74～2.31)$\times 10^5$ S · min/cm^3，与 Nafion 212 隔膜(0.42$\times 10^5$ S · min/cm^3)相比更高。在 SPI-B 隔膜中，SPI-B-50 表现出最高的质子选择性，表明用 SPI-B-50 隔膜组装的 VFB 将具有优异的电池性能。

6.2.5　化学稳定性和机械性能分析

使用加速破坏试验研究了隔膜的非原位稳定性，结果如图 6-7(a)所示。可以看到，随着 SPI-B 隔膜 IEC 的增加，这些隔膜的非原位稳定性逐渐降低。这是由于较多的水合氢离子和 V(Ⅴ)离子被吸附在隔膜中，导致了酰亚胺环的水解和氧化。在 SPI-B 隔膜具有低 IEC 的情况下，使用更多含有—CF_3基团的 FAPOB 单体，这种策略有效地降低了聚合物主链的电子云密度。因此，隔膜被水合氢离子和带正电荷的 V(Ⅴ)离子攻击的可能性有所下降。因此，通过采用二胺单体合成方法和精确控制磺化度，可以有效地提高隔膜的稳定性。

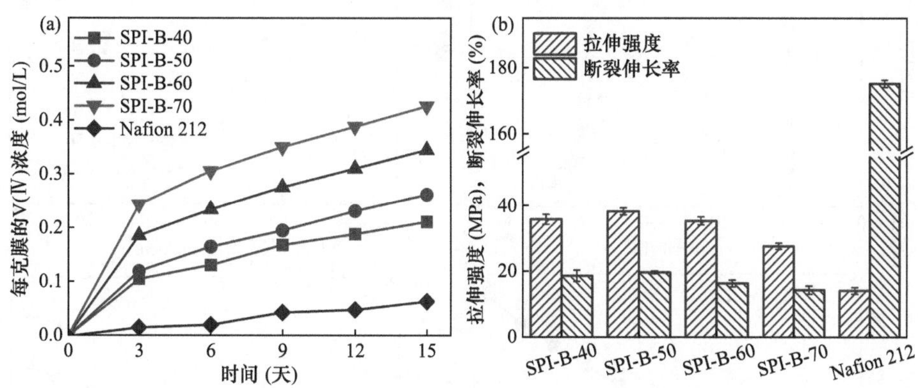

图 6-7　(a) 每克隔膜产生的 V(Ⅳ)离子的浓度随时间变化；(b) SPI-B 和 Nafion 212 隔膜的机械性能

图 6-7(b)显示了 SPI-B 隔膜的机械性能。随着 IEC 的增加，SPI-B 隔膜的拉伸强度和断裂伸长率呈现出先增大后减小的趋势。SPI-B-50 隔膜在所有 SPI-B 隔膜中具有最佳的机械性能，当磺化度达到 60%之后，机械性能不断下降。这是由于过量—SO_3H 基团的存在会破坏聚合物结构的内部秩序，降低 SPI-B 隔膜的结晶度[12,16]。SPI-B 隔膜的最大拉伸强度显著高于 Nafion 212 隔膜，而 SPI-B 隔膜的断裂伸长率与 Nafion 212 隔膜相比要低得多，因为 SPI-B 隔膜和 Nafion 212 隔膜分别具有坚固的芳香骨架和柔性氟碳结构。因此，将 SPI-B 隔膜的 IEC 控制在一定范围内以获得最佳的机械性能对于其在 VFB 中的应用至关重要。

6.2.6　VFB 性能分析

开路电压(OCV)是隔膜阻钒性能和电池电压保持能力的指标。图 6-8(a)显示了 SPI-B-50 和 Nafion 212 隔膜的 OCV 曲线，开始缓慢下降，达到 1.3 V 之后快速下降到 0.8 V 以下，SPI-B-50 隔膜的自放电时间(44 h)明显长于 Nafion 212 隔膜(11 h)，表明，SPI-B-50 具有优异的阻钒性能。以上结果说明，SPI-B-50 隔膜具有更低的自放电速率，在电池充放电循环测试中将会获得更高的CE。SPI-B-50和Nafion 212隔膜在80～300 mA/cm^{2}下的CE、EE和VE如图6-8(b～d)所示。SPI-B-50隔膜

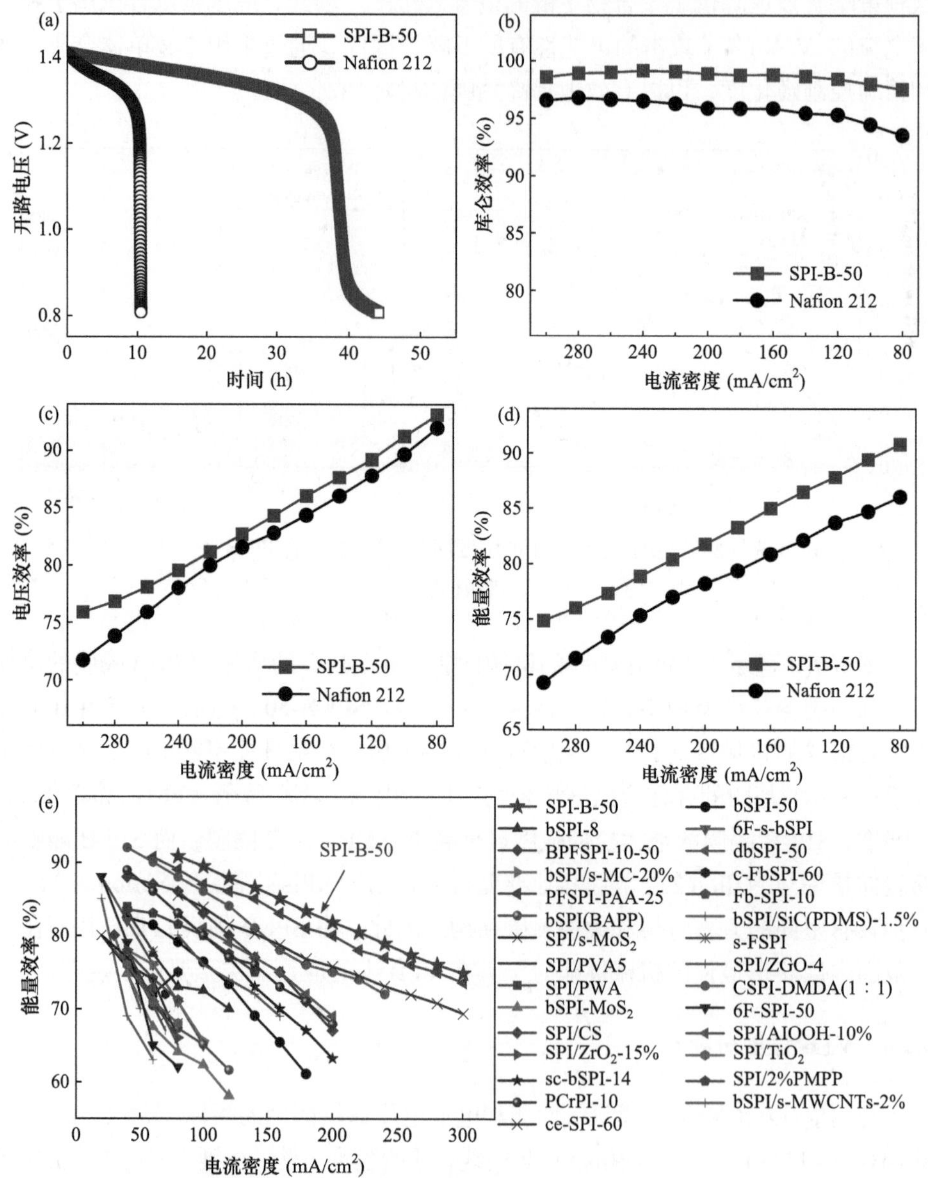

图 6-8　(a) SPI-B-50 和 Nafion 212 隔膜的开路电压对比；(b～d) SPI-B-50 和 Nafion 212 隔膜在电流密度为 80～300 mA/cm^2 的 VRB 中的 CE、VE 和 EE；(e) SPI 基隔膜的 EE 对比[2,6,9,10,13,17-39]

的 CE(99.15%～97.53%)明显高于 Nafion 212 隔膜(96.79%～93.55%)。SPI-B-50 隔膜在所有电流密度下的 VE 均高于 Nafion 212 隔膜。VE 的这种显著差异主要归因于与 Nafion 212 隔膜相比 SPI-B-50 隔膜具有更优异的质子选择性[17]。SPI-B-50 隔膜的 EE 在所有电流密度下都始终优于 Nafion 212 隔膜，这也表明所制备的 SPI-B-50 隔膜具备更为优异的综合性能。与其他基于 SPI 的隔膜的报道相比[图 6-8(e)]，SPI-B-50 隔膜的 EE 值处于最高水平。

为了进一步探究 SPI-B-50 隔膜在 VFB 中的稳定性，在 140 mA/cm^2 下进行充放电循环测试[图 6-9(a)]。在 VRB 经历 500 次循环的过程中，SPI-B-50 隔膜在 CE(约 99%)、VE(约 87%)和 EE(约 86%)方面表现出优异的稳定性。此外，在 VFB 进行 500 次循环后，对 SPI-B-50 隔膜的化学结构进行了表征，以进一步研究其稳定性[图 6-9(b)]。在 500 次 VFB 循环后，面向正极和负极的 SPI-B-50 隔膜的 ATR-FTIR 谱与原始隔膜的谱图相比，没有显著差异。谱图中没有新的峰出现或峰的偏移，表明 SPI-B-50 隔膜在长期 VFB 运行中保持了优异的稳定性。

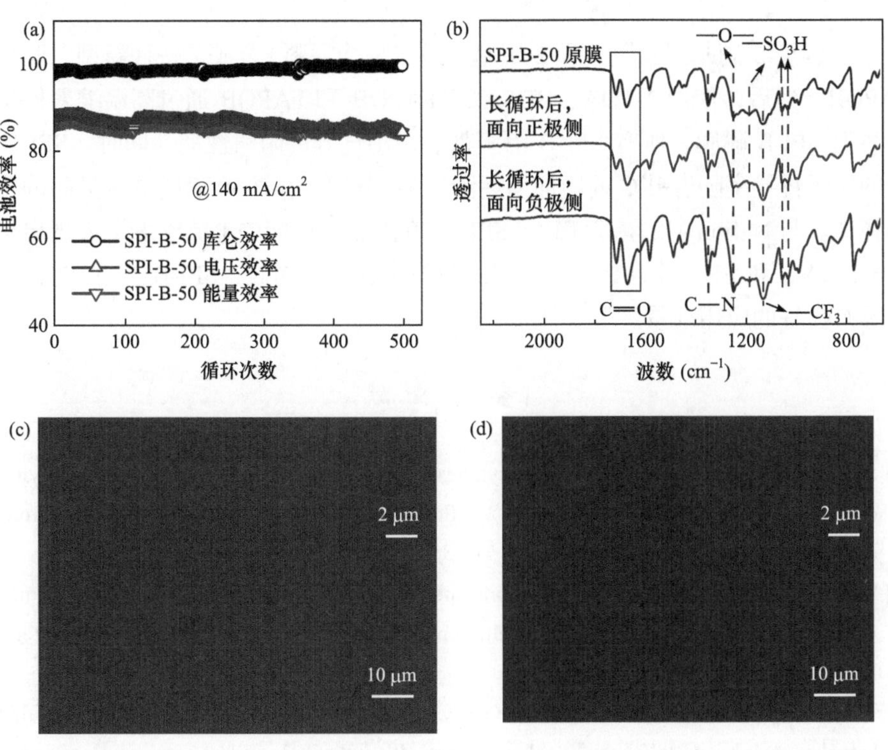

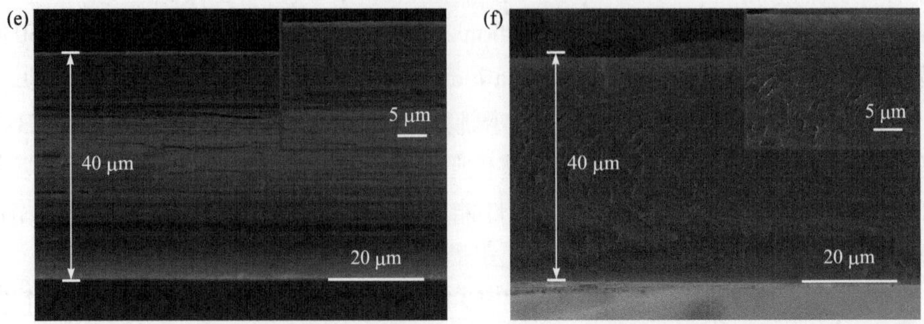

图 6-9　(a) SPI-B-50 隔膜在 500 次充放电循环中的性能；(b) SPI-b-50 隔膜在 500 次 VFB 循环前后的 ATR-FTIR 谱。SPI-B-50 隔膜的 SEM 图：(c) 循环前的表面形貌；(d) 500 次 VFB 循环后的表面形貌；(e) 循环前的断面形貌；(f) 500 次 VFB 循环后的断面形貌

6.3　本 章 小 结

以 2-氯-5-硝基三氟甲苯和 2-甲基对苯二酚为原料，合成了一种新型二胺单体 FAPOB。然后，使用 NTDA、BDSA、TFAPOB 和 FAPOB 通过高温缩聚构建了一系列 SPI-B 隔膜，所有 SPI-B 隔膜都表现出优异的阻钒性能。同时，SPI-B 隔膜的质子传导率随着 IEC 的增加而逐渐增强，其中 SPI-B-50 隔膜具备最高的质子选择性。与 Nafion 212 隔膜相比，SPI-B-50 隔膜在相同的电流密度下表现出更高的 CE、VE 和 EE，并且具有更缓慢的自放电速率。因此，SPI-B-50 隔膜在 VFB 中具有良好的应用前景。

参 考 文 献

[1] Chen Y C, Su Y Y, Hsiao F Z. The synthesis and characterization of fluorinated polyimides derived from 2-methyl-1,4-bis-(4-amino-2-trifluoromethylphenoxy) benzene and various aromatic dianhydrides. J Macromol Sci, 2020, 57: 579-588.

[2] Li J C, Liu S Q, He Z, Zhou Z. A novel branched side-chain-type sulfonated polyimide membrane with flexible sulfoalkyl pendants and trifluoromethyl groups for vanadium redox flow batteries. J Power Sources, 2017, 347: 114-126.

[3] Xie H X, Tao D, Ni J P, Xiang X Z, Gao C M, Wang L. Synthesis and properties of highly branched star-shaped sulfonated block polymers with sulfoalkyl pendant groups for use as proton

exchange membranes. J Membr Sci, 2016, 497: 55-66.

[4] Xie H X, Tao D, Xiang X Z, Ou Y X, Bai X J, Wang L. Synthesis and properties of highly branched star-shaped sulfonated block poly(arylene ether)s as proton exchange membranes. J Membr Sci, 2015, 473: 226-236.

[5] Ni J P, Hu M S, Liu D, Xie H X, Xiang X Z, Wang L. Synthesis and properties of highly branched polybenzimidazoles as proton exchange membranes for high-temperature fuel cells. J Mater Chem C, 2016, 4: 4814-4821.

[6] Yu L H, Wang L, Yu L W, Mu D, Wang L, Xi J Y. Aliphatic/aromatic sulfonated polyimide membranes with cross-linked structures for vanadium flow batteries. J Membr Sci, 2019, 572: 119-127.

[7] Wang L, Yu L H, Mu D, Yu L W, Wang L, Xi J Y. Acid-base membranes of imidazole-based sulfonated polyimides for vanadium flow batteries. J Membr Sci, 2018, 552: 167-176.

[8] Lou X C, Lu B, He M R, Yu Y S, Zhu X B, Peng F, Qin C P, Ding M, Jia C K. Functionalized carbon black modified sulfonated polyether ether ketone membrane for highly stable vanadium redox flow battery. J Membr Sci, 2022, 643: 120015.

[9] Yin B B, Li Z H, Dai W J, Wang L, Yu L H, Xi J Y. Highly branched sulfonated poly(fluorenyl ether ketone sulfone)s membrane for energy efficient vanadium redox flow battery. J Power Sources, 2015, 285: 109-118.

[10] Li J C, Long J, Huang W H, Xu W J, Liu J, Luo H, Zhang Y P. Novel branched sulfonated polyimide membrane with remarkable vanadium permeability resistance and proton selectivity for vanadium redox flow battery application. Int J Hydrogen Energy, 2022, 47: 8883-8891.

[11] Xu W J, Long J, Liu J, Wang Y L, Luo H, Zhang Y P, Li J C, Chu L Y, Duan H. Novel highly efficient branched polyfluoro sulfonated polyimide membranes for application in vanadium redox flow battery. J Power Sources, 2021, 485: 229354.

[12] Parnian M J, Rowshanzamir S, Gashoul F. Comprehensive investigation of physicochemical and electrochemical properties of sulfonated poly(ether ether ketone) membranes with different degrees of sulfonation for proton exchange membrane fuel cell applications. Energy, 2017, 125: 614-628.

[13] Xu W J, Long J, Liu J, Luo H, Duan H R, Zhang Y P, Li J C, Qi X J, Chu L Y. A novel porous polyimide membrane with ultrahigh chemical stability for application in vanadium redox flow battery. Chem Eng J, 2022, 428: 131203.

[14] Zhang D H, Zhang X H, Luan C, Tang B, Zhang Z Y, Pu N W, Zhang K Y, Liu J G, Yan C W. Zwitterionic interface engineering enables ultrathin composite membrane for high-rate vanadium flow battery. Energy Storage Mater, 2022, 49: 471-480.

[15] Zhang D H, Yu W J, Zhang Y, Cheng S H, Zhu M Y, Zeng S, Zhang X H, Zhang Y F, Luan C, Yu Z S, Liu L S, Zhang K Y, Liu J G, Yan C W. Reconstructing proton channels via Zr-MOFs realizes highly ion-selective and proton-conductive SPEEK-based hybrid membrane for vanadium flow battery. J Energy Chem, 2022, 75: 448-456.

[16] Li X F, Zhang H M, Mai Z S, Zhang H Z, Vankelecom I. Ion exchange membranes for vanadium redox flow battery (VRB) applications. Energy Environ Sci, 2011, 4: 1147-1160.

[17] Li J C, Yuan X D, Liu S Q, He Z, Zhou Z, Li A K. A low-cost and high-performance sulfonated polyimide proton-conductive membrane for vanadium redox flow/static batteries. ACS Appl Mater Interfaces, 2017, 9: 32643-32651.

[18] Yang P, Long J, Xuan S S, Wang Y L, Zhang Y P, Li J C, Zhang H P. Branched sulfonated polyimide membrane with ionic cross-linking for vanadium redox flow battery application. J Power Sources, 2019, 438: 226993.

[19] Zhang Y P, Zhang S, Huang X D, Zhou Y Q, Pu Y, Zhang H P. Synthesis and properties of branched sulfonated polyimides for membranes in vanadium redox flow battery application. Electrochim Acta, 2016, 210: 308-320.

[20] Long J, Xu W J, Xu S B, Liu J, Wang Y L, Luo H, Zhang Y P, Li J C, Chu L Y. A novel double branched sulfonated polyimide membrane with ultra-high proton selectivity for vanadium redox flow battery. J Membr Sci, 2021, 628: 119259.

[21] Long J, Yang H Y, Wang Y L, Xu W J, Liu J, Luo H, Li J C, Zhang Y P, Zhang H P. Branched sulfonated polyimide/sulfonated methylcellulose composite membrane with remarkable proton conductivity and selectivity for vanadium redox flow battery. ChemElectroChem, 2020, 7: 937-945.

[22] Li J C, Xu W J, Huang W H, Long J, Liu J, Luo H, Zhang Y P, Chu L Y. Stable covalent cross-linked polyfluoro sulfonated polyimide membranes with high proton conductance and vanadium resistance for application in vanadium redox flow batteries. J Mater Chem A, 2021, 9: 24704-24711.

[23] Yang P, Xuan S S, Long J, Wang Y L, Zhang Y P, Zhang H P. Fluorine-containing branched sulfonated polyimide membrane for vanadium redox flow battery applications. ChemElectroChem, 2018, 5: 3695-3707.

[24] Pu Y, Huang X D, Yang P, Zhou Y Q, Xuan S S, Zhang Y P. Effect of non-sulfonated diamine monomer on branched sulfonated polyimide membrane for vanadium redox flow battery application. Electrochim Acta, 2017, 241: 50-62.

[25] Zhang Y P, Pu Y, Yang P, Yang H Y, Xuan S S, Long J, Wang Y L, Zhang H P. Branched sulfonated polyimide/functionalized silicon carbide composite membranes with improved

chemical stabilities and proton selectivities for vanadium redox flow battery application. J Mater Sci, 2018, 53: 14506-14524.

[26] Li J C, Zhang Y P, Zhang S, Huang X D. Sulfonated polyimide/s-MoS_2 composite membrane with high proton selectivity and good stability for vanadium redox flow battery. J Membr Sci, 2015, 490:179-189.

[27] Yu H L, Xia Y F, Zhang H W, Wang Y H. Preparation of sulfonated polyimide/polyvinyl alcohol composite membrane for vanadium redox flow battery applications. Polym Bull, 2021, 78: 4183-4204.

[28] Cao L, Kong L, Kong L Q, Zhang X X, Shi H F. Novel sulfonated polyimide/zwitterionic polymer-functionalized graphene oxide hybrid membranes for vanadium redox flow battery. J Power Sources, 2015, 299: 255-264.

[29] Xu Y M, Wei W, Cui Y J, Liang H G, Nian F. Sulfonated polyimide/phosphotungstic acid composite membrane for vanadium redox flow battery applications. High Perform Polym, 2019, 31: 679-685.

[30] Pu Y, Zhu S, Wang P H, Zhou Y Q, Yang P, Xuan S S, Zhang Y P, Zhang H P. Novel branched sulfonated polyimide/molybdenum disulfide nanosheets composite membrane for vanadium redox flow battery application. Appl Surf Sci, 2018, 448: 186-202.

[31] Li J C, Liu S Q, He Z, Zhou Z. Semi-fluorinated sulfonated polyimide membranes with enhanced proton selectivity and stability for vanadium redox flow batteries. Electrochim Acta, 2016, 216: 320-331.

[32] Huang X D, Zhang S, Zhang Y P, Zhang H P, Yang X P. Sulfonated polyimide/ chitosan composite membranes for a vanadium redox flow battery: influence of the sulfonation degree of the sulfonated polyimide. Polym J, 2016, 48: 905-918.

[33] Zhang Y P, Li J C, Wang L, Zhang S. Sulfonated polyimide/AlOOH composite membranes with decreased vanadium permeability and increased stability for vanadium redox flow battery. J Solid State Electro, 2014, 18: 3479-3490.

[34] Li J C, Zhang Y P, Zhang S, Huang X D, Wang L. Novel sulfonated polyimide/ ZrO_2 composite membrane as a separator of vanadium redox flow battery. Polym Adv Technol, 2014, 25: 1610-1615.

[35] Li J C, Zhang Y P, Wang L. Preparation and characterization of sulfonated polyimide/TiO_2 composite membrane for vanadium redox flow battery. J Solid State Electro, 2014, 18: 729-737.

[36] Li J C, Liu J, Xu W J, Long J, Huang W H, Zhang Y P, Chu L Y. Highly ion-selective sulfonated polyimide membranes with covalent self-crosslinking and branching structures for vanadium redox flow battery. Chem Eng J, 2022, 437: 135414.

[37] Zhang M M, Wang G, Li A F, Wei X Y, Li F, Zhang J, Chen J W, Wang R L. Novel sulfonated polyimide membrane blended with flexible poly bis(4-methylphenoxy) phosphazene chains for all vanadium redox flow battery. J Membr Sci, 2021, 619: 118800.

[38] Liu J, Duan H R, Xu W J, Long J, Huang W H, Luo H, Li J C, Zhang Y P. Branched sulfonated polyimide/s-MWCNTs composite membranes for vanadium redox flow battery application. Int J Hydrogen Energy, 2021, 46: 34767-34776.

[39] Long J, Huang W H, Li J F, Yu Y F, Zhang B, Li J C, Zhang Y P, Duan H. A novel permselective branched sulfonated polyimide membrane containing crown ether with remarkable proton conductance and selectivity for application in vanadium redox flow battery. J Membr Sci, 2023, 669: 121342.

第 7 章　交联-支化磺化聚酰亚胺隔膜材料在全钒液流电池中的应用

交联结构可以明显提升膜的阻钒性能和化学稳定性，而支化结构的存在也可以提升膜的质子传导能力。本章介绍一种交联-支化 SPI(sc-bSPI)隔膜材料的制备方式和性能测试。首先利用 3,5-二氨基苯甲酸和 3,3′-二氨基联苯胺等原料合成四胺单体——4,4′,4″,4‴-(1*H*,3′*H*-[5,5′-联苯[*d*]咪唑])四苯胺(BTA)；然后，以 BTA、ODA、TFAPOB、BDSA 和 NTDA 为原料，通过高温缩聚制备 sc-bSPI 隔膜，并通过控制 BTA 和 ODA 的用量比例来调控理论交联度(TCD)。合成后，对 sc-bSPI 隔膜进行理化性能和 VFB 性能进行表征，将综合性能最优的 sc-bSPI 隔膜应用于 VFB 中进行充放电循环测试，并与 Nafion 212 隔膜进行对比。

7.1　BTA 单体的合成与 sc-bSPI 隔膜材料的制备

7.1.1　BTA 单体的合成

BTA 单体的合成路线如图 7-1 所示。合成步骤详述如下：将 14.02 g 的 P_2O_5 和 50.00 g 的 PPA 加入圆底烧瓶中，加热至 180℃，搅拌使 P_2O_5 完全溶解；然后将溶液冷却至 80℃，加入 8.57 g 的 3,3′-二氨基联苯胺，加热至 120℃保持 1 h；冷却至 80℃，再加入 12.17 g 的 3,5-二氨基苯甲酸后，依次加热至 120℃、140℃和 180℃，并分别保温 2 h、4 h 和 24 h；当反应物温度降到 80℃以下时，将溶液倒入去离子水中；将收集到的沉淀物加到去离子水中，调控 pH 至 8.0，以去除多聚磷酸；最后，用去离子水对产物多次洗涤，在 40℃真空干燥，即得到 15.6 g BTA，收率为 87.3%。

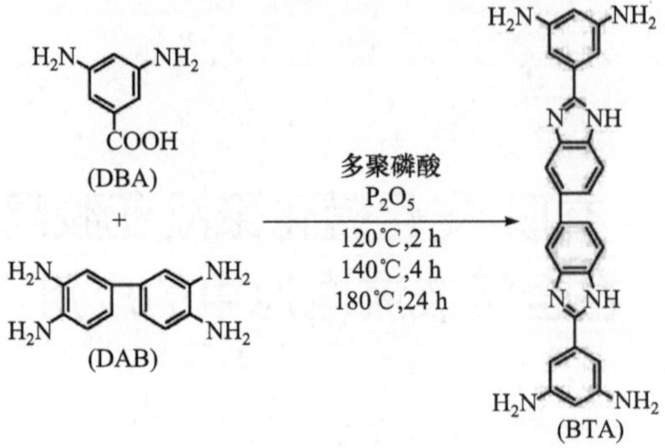

图 7-1　BTA 的合成路线

7.1.2　sc-bSPI 隔膜材料的制备

制备 sc-bSPI 隔膜的过程如图 7-2 所示。以理论交联度为 14%的 sc-bSPI-14 膜为例。首先，将 NTDA(4.00 mmol)和苯甲酸(4.00 mmol)溶解于装有间甲酚(20.0 mL)的烧瓶中。再将 BDSA(2.00 mmol)、ODA(0.28 mmol)、TFAPOB(0.40 mmol)、

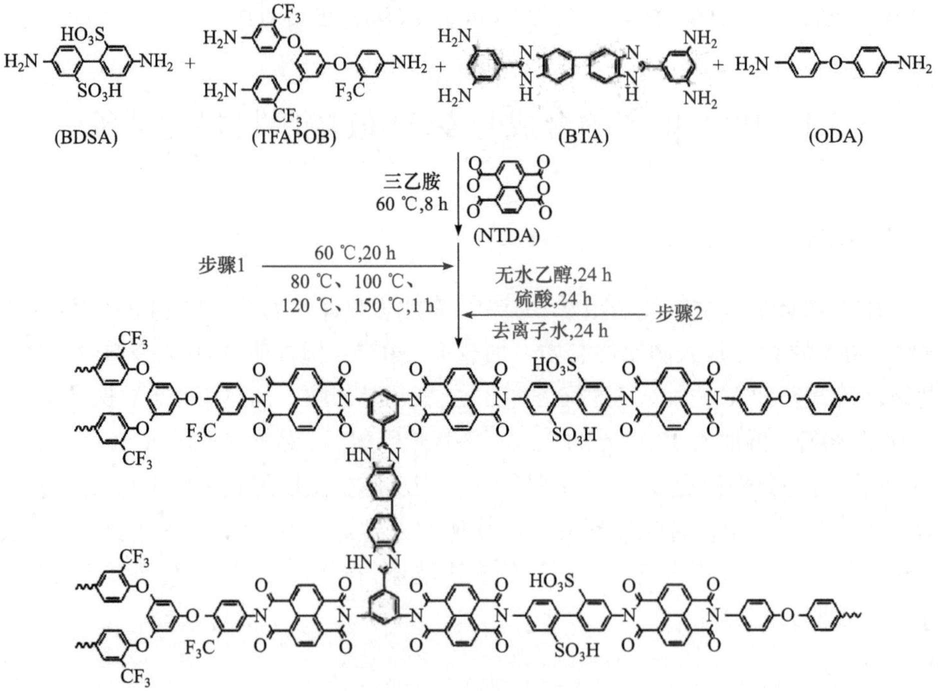

图 7-2　sc-bSPI 隔膜的合成路线

BTA(0.56 mmol)、间甲酚(20.0 mL)和三乙胺(1.3 mL)投入烧杯中，60℃下加热 1 h，使所有单体完全溶解。然后，用恒压漏斗将烧杯中的溶液滴入上述烧瓶中，防止凝胶生成，在 60℃下持续搅拌 8 h。随后，将铸膜溶液均匀流延到玻璃板上，并于 60℃下加热 20 h，然后分别在 80℃、100℃、120℃和 150℃下加热 1 h。最后，将 sc-bSPI-14 隔膜从玻璃板上剥离，浸泡于乙醇、1.0 mol/L H_2SO_4 和去离子水中各 24 h。所制备的不同理论交联度的 sc-bSPI-*x* 隔膜的单体用量如表 7-1 所示。

表 7-1　不同理论交联度的 sc-bSPI-*x* 隔膜的原料添加量

隔膜	原料添加量 (mmol)				
	NTDA	BDSA	TFAPOB	ODA	BTA
sc-bSPI-6	4.00	2.00	0.40	0.92	0.24
sc-bSPI-8	4.00	2.00	0.40	0.76	0.32
sc-bSPI-10	4.00	2.00	0.40	0.60	0.40
sc-bSPI-12	4.00	2.00	0.40	0.44	0.48
sc-bSPI-14	4.00	2.00	0.40	0.28	0.56

7.2　BTA 单体与 sc-bSPI 隔膜材料的表征与分析

7.2.1　BTA 单体的 ATR-FTIR、^{1}H NMR 和 ^{14}C NMR 分析

BTA 单体的红外光谱如图 7-3(a)所示。BTA 的—NH_2 伸缩振动峰位于 3203 cm^{-1} 和 3315 cm^{-1}。在 1780 cm^{-1} 处未出现吸收峰，表明 3,5-二氨基苯甲酸中的—COOH 基团已反应完全。1446 cm^{-1} 处的峰可归属于咪唑基团的对称振动[1]。此外，为进一步确定 BTA 的化学结构，对其进行 ^{1}H NMR 测试，结果如图 7-3(b)所示。BTA 的不同质子的化学位移峰可被合理归属于：4.95 ppm (H1)、5.97 ppm (H2)、6.64 ppm (H3)、7.49 ppm (H4)、7.66 ppm (H5)、7.84 ppm (H6)和 12.58 ppm (H7)。实际峰面积比率(H1：H2：H3：H4：H5：H6：H7 ＝ 2.09：0.48：1.05：0.52：0.56：0.45：0.46)非常接近理论比(H1：H2：H3：H4：H5：H6：H7 = 4：1：2：1：1：1：1：1：1)。此外，还通过测试 BTA 的 ^{13}C NMR 进一步确定了它的化学结构，结果如图 7-3(c)所示。所有峰可以与 BTA 单体的不同 C 原子一一对应。以上结果证实了 BTA 单体已被成功合成。

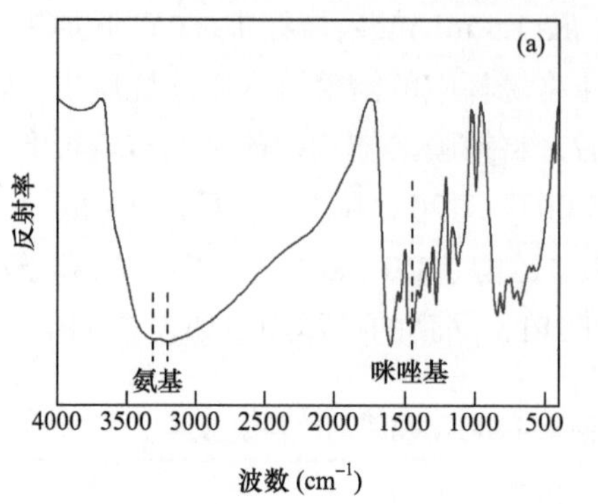

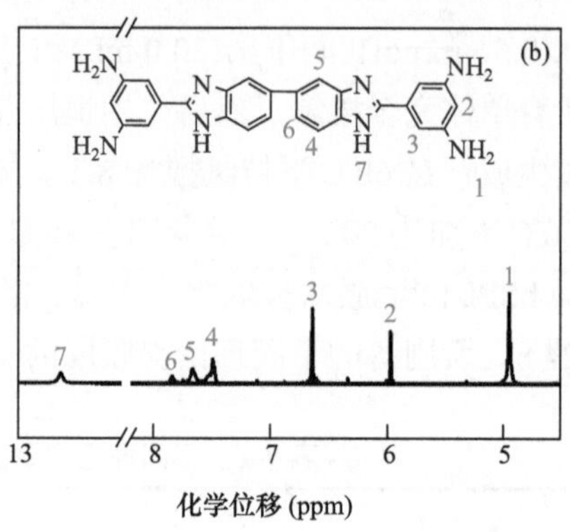

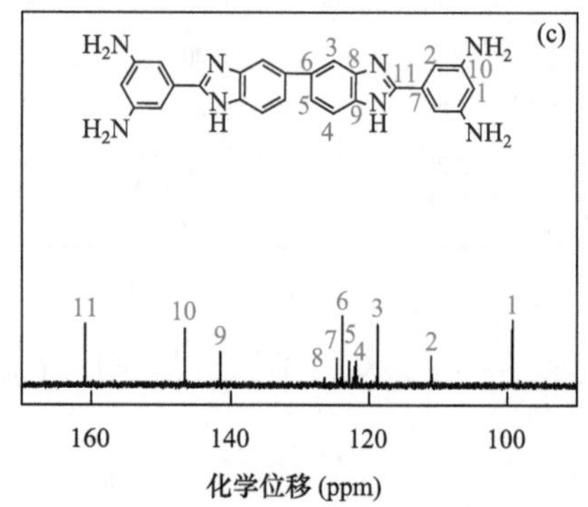

图 7-3 (a) BTA 单体的 FTIR 光谱；(b) BTA 单体的 ^{1}H NMR 图谱；(c) BTA 单体的 ^{13}C NMR 图谱

7.2.2 sc-bSPI 隔膜材料的 ATR-FTIR 和 ^{1}H NMR 分析

sc-bSPI-*x* 膜的 ATR-FTIR 结果如图 7-4(a)所示。在 1710 cm^{-1} 和 1667 cm^{-1} 处，出现了 C═O 基团的不对称伸缩和对称伸缩的特征峰[2]。BTA 上的咪唑基团的对称振动峰出现在 1450 cm^{-1} 处。此外，在 1351 cm^{-1} 处观察到 C—N 的吸收峰。TFAPOB 上的—CF_3 基团的吸收峰出现在 1135 cm^{-1} 处，—SO_3H 基团的吸收峰出现在 1196 cm^{-1}、1098 cm^{-1} 和 1028 cm^{-1} 处。此外，在 1780 cm^{-1} 附近没有明显的吸收峰，证明聚酰胺酸的—COOH 基团已反应完全，sc-bSPI-*x* 已完成酰亚胺化反应。所有的 ATR-FTIR 结果表明：sc-bSPI-*x* 膜已被成功制备。在图 7-4(b)插图中，sc-bSPI-14 膜显示出光滑且均匀的形貌。sc-bSPI-14 膜的 ^{1}H NMR 结果见图 7-4(b)。8.79 ppm (He)和 8.61 ppm (Hf)峰源于 NTDA 上萘环的质子；8.01 ppm (Hk)和

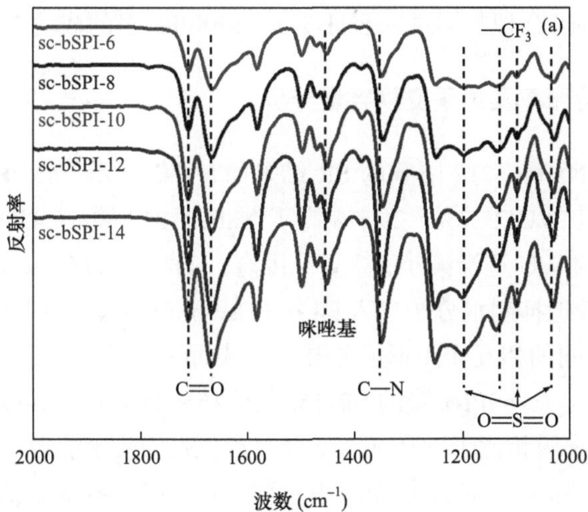

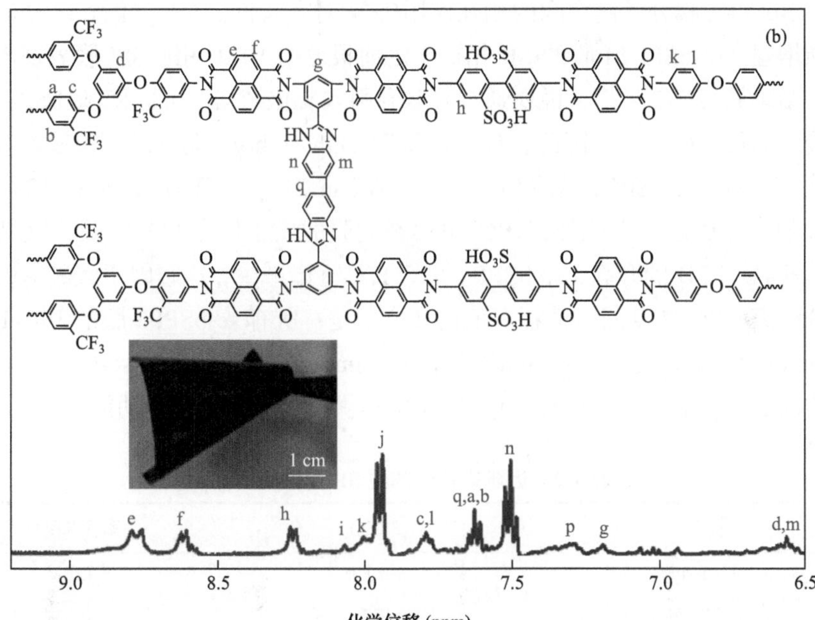

图 7-4　(a)sc-bSPI-*x* 的 ATR-FTIR 图谱；(b)sc-bSPI-14 的 ^{1}H NMR 图谱(插图为该膜的数码照片)

7.74 ppm (Hl)处检测到的两个峰归属于 ODA 苯环上的氢原子；化学位移分别为 8.25 ppm (Hh)、8.06 ppm (Hi)和 7.95 ppm (Hj)的峰属于 BDSA 上的氢原子；TFAPOB 质子信号峰位于 6.56 ppm (Hd)、7.62 ppm (Ha)、7.60 ppm (Hb)和 7.79 ppm (Hc)；BTA 氢原子的信号峰位于 6.53 (Hm)、7.34 (Hg)、7.39 (Hp)、7.51 (Hn)和

7.64 (Hq)。特征峰能合理归属进一步证实了 sc-bSPI-*x* 膜的成功制备。

7.2.3　吸水率、溶胀率及离子交换容量分析

sc-bSPI-*x* 和 Nafion 212 隔膜的 SR 结果如表 7-2 所示。sc-bSPI-*x* 因具有 3D 支化结构，因此其 WU(25.7%～29.8%)高于 Nafion 212 膜(16.4%)。随着 TCD 提高，sc-bSPI-*x* 膜的 WU 逐渐减小，主要原因有：(1)高 TCD 使 sc-bSPI-*x* 膜变得更加致密，可以有效地抑制水分子进入膜[3]；(2)sc-bSPI-*x* 膜通过质子化的咪唑基团与—SO_3H 基团之间的相互作用形成酸碱对，从而降低了 sc-bSPI-*x* 膜中游离亲水基团的数量。此外，sc-bSPI-*x* 膜的 SR(15.1%～26.9%)高于 Nafion 212 膜(12.8%)，这是因为 sc-bSPI-*x* 膜相比于 Nafion 212 膜具有更强的吸水能力。值得注意的是：sc-bSPI-*x* 膜的 SR 随 TCD 的增加而减小，这与 sc-bSPI-*x* 膜 WU 的变化趋势一致。此外，sc-bSPI-*x* 膜分子链之间的相互作用(酸碱对和共价自交联)随着 TCD 的增加也逐渐增强。sc-bSPI-14 膜的 SR 相比于之前报道的 VFB 用纯 SPI 膜表现出较低水平，结果见表 7-2[2,4-16]，说明通过交联和引入支化结构，可以使 sc-bSPI-14 膜获得较高的尺寸稳定性。因此，具有较高 TCD 的 sc-bSPI 膜可以获得较好的尺寸稳定性。然而，sc-bSPI-*x* 膜的 SR 却高于 Nafion 212，意味着 Nafion 212 膜具有更优异的尺寸稳定性。此外，IEC 也会影响膜的质子传导和面电阻，其结果见表 7-3。随着 TCD 的升高，sc-bSPI-*x* 膜的 IEC 逐渐减少，这归因于酸碱对的形成使部分游离—SO_3H 基团被消耗。值得注意的是：所有 sc-bSPI-*x* 膜的 IEC(1.36～1.65 mmol/g)均明显高于 Nafion 212 膜(0.92 mmol/g)。结果表明：sc-bSPI-*x* 膜具有足够的离子交换能力，能够在 VFB 应用中提供充分的质子传导功能。

表 7-2　近年来报道的纯 SPI 膜的溶胀率对比

隔膜	SR(%)	参考文献
6F-s-bSPI	19	[2]
6F-SPI-50	17.1	[4]
CSPI-DMDA (1 : 1)	18.2	[5]
SPI(BAPP)	18.11	[6]
bSPI-8	23.2	[7]
Fb-SPI-10	8.5	[8]
bSPI (BAPP)	17.55	[9]

续表

隔膜	SR(%)	参考文献
PID30-*g*-SPVA	18.3	[10]
c-FbSPI-50	10	[11]
dbSPI-50	9.09	[12]
BPFSPI-10-50	17.3	[13]
PFSPI-PAA-25	20	[14]
s-FSPI	14.51	[15]
SPI50	37.2	[16]
sc-bSPI-14	15.1	本书

表 7-3　sc-bSPI-*x* 和 Nafion 212 隔膜的厚度、WU、SR、IEC 和 AR

隔膜	厚度(μm)	WU(%)	SR(%)	IEC(mmol/g)	AR($\Omega\cdot cm^2$)
sc-bSPI-6	51	29.8	26.9	1.65	0.27
sc-bSPI-8	50	28.4	24.6	1.60	0.25
sc-bSPI-10	51	27.5	23.6	1.51	0.23
sc-bSPI-12	51	26.9	18.2	1.42	0.20
sc-bSPI-14	50	25.7	15.1	1.36	0.18
Nafion 212	51	16.4	12.8	0.92	0.16

7.2.4　热性能和机械性能分析

sc-bSPI-14 和 Nafion 212 隔膜的 TG 曲线如图 7-5 所示。sc-bSPI-14 隔膜的 TG 曲线有三个重量损失过程：(1)50～150℃的失重是由于 sc-bSPI-14 隔膜失去吸收

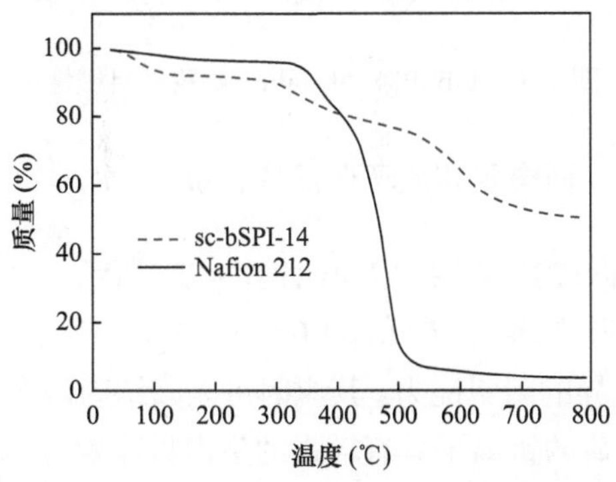

图 7-5　sc-bSPI-14 和 Nafion 212 隔膜的热重曲线

的水分；(2)sc-bSPI-14 隔膜在 300～400℃范围内的第二阶段失重归因于—SO_3H 基团的分解；(3)超过 550℃的第三阶段失重是由 sc-bSPI-14 隔膜的芳香主链分解而引起。Nafion 212 隔膜的失重分为两步：(1)吸收水分的损失(50～150℃)；(2)以—SO_3H 基团终止的全氟柔性烷基侧链和全氟脂肪族主链的降解(350～500℃)。一般而言，VFB 的工作温度在 40℃以下，因此 sc-bSPI-14 隔膜具有足够的热稳定性，可被应用于 VFB。

隔膜的机械性能也是衡量隔膜性能的一个重要指标，因为隔膜在 VFB 工作过程中会长时间受到挤压和拉伸。sc-bSPI-*x* 和 Nafion 212 隔膜的机械性能测试结果如图 7-6 所示。随着 TCD 水平的提高，sc-bSPI-*x* 隔膜的断裂伸长率和最大拉伸强度逐渐降低，原因在于引入了更多的具有刚性平面的 BTA，使 sc-bSPI-*x* 隔膜变得更脆。sc-bSPI-*x* 隔膜的最大拉伸强度明显高于 Nafion 212 隔膜，但其断裂伸长率却低于 Nafion 212 膜。这是因为 sc-bSPI-*x* 和 Nafion 212 膜分别具有刚性的芳香主链和柔性的碳氟主链结构。不过，sc-bSPI-*x* 隔膜的机械性能亦可以较好地满足 VFB 的应用要求。

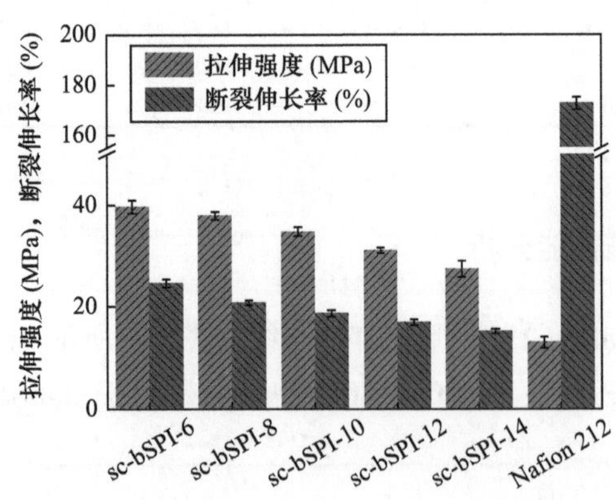

图 7-6 sc-bSPI-*x* 和 Nafion 隔膜的机械性能

7.2.5 钒离子渗透率、面电阻和质子选择性分析

sc-bSPI-*x* 和 Nafion 212 隔膜的 *P* 值如图 7-7(a)所示。与 Nafion 212 隔膜相比，sc-bSPI-*x* 隔膜具有低得多的 *P* 值[$(1.0\sim2.31)\times10^{-7}$ cm^2/min]，说明制备的 sc-bSPI-*x* 隔膜具有优异的阻钒能力。其原因可以归结为两个方面：(1)BTA 的质子化咪唑基团对带正电荷的钒离子具有较强的道南排斥效应；(2)交联结构可以有效地增强 sc-bSPI-*x* 隔膜分子链间的相互作用和链堆积密度，形成的致密膜可以抑制

钒离子的迁移。此外，随着 TCD 水平的提高，sc-bSPI 隔膜能更为有效地阻止钒离子渗透。隔膜的面电阻直接决定着 VFB 的 VE，面电阻受到膜微相结构、IEC、WU 和质子传输通道等因素的影响。所有隔膜的面电阻(AR)如表 7-3 所示，其中 sc-bSPI-*x* 隔膜的面电阻随 TCD 的增加而减小。sc-bSPI-14 隔膜的面电阻值(0.18 Ω·cm^2)和 Nafion 212 隔膜(0.16 Ω·cm^2)非常接近，说明该隔膜可以有效地平衡 VFB 正负极间的电荷，从而提高 VE。

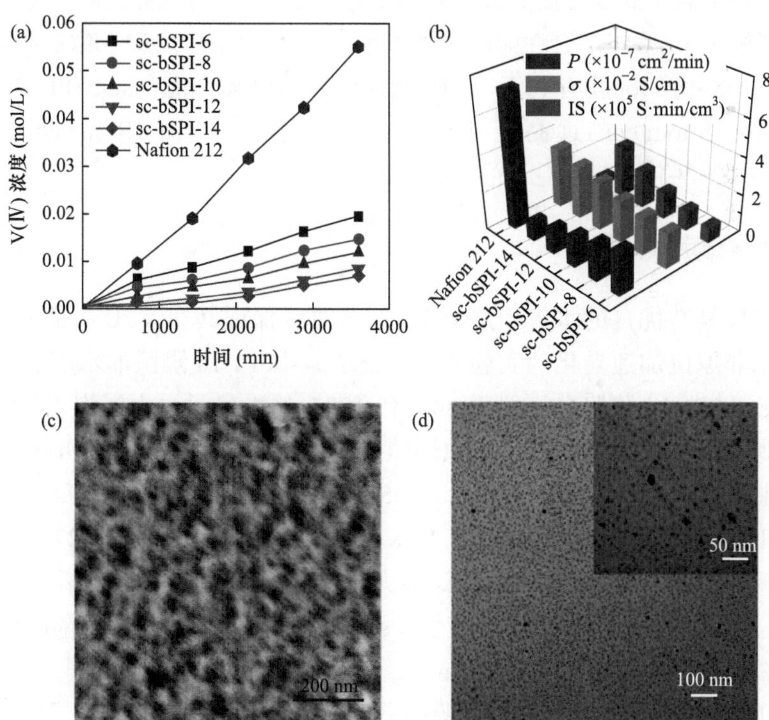

图 7-7　(a)透过 sc-bSPI-*x* 和 Nafion 212 隔膜的 V(Ⅳ)离子浓度随时间的变化；(b)sc-bSPI-*x* 和 Nafion 212 隔膜的质子传导率(*σ*)、钒离子渗透率(*P*)和离子选择性(IS)；(c)sc-bSPI-14 隔膜的 AFM 相图；(d)sc-bSPI-14 隔膜的 TEM 图

在所有 sc-bSPI-*x* 隔膜中，sc-bSPI-14 隔膜的 *σ* 值(2.78×10^{-2} S/cm)最高，仅略低于 Nafion 212 隔膜(3.20×10^{-2} S/cm)。这可能是由于质子化咪唑基团和—SO_3H 基团之间形成的酸碱对，有益于构建质子传输通道，从而加速质子的传导[17]。此外，利用原子力显微镜观察了 sc-bSPI-14 隔膜的微观结构，结果如图 7-7(c)所示。亮区和暗区分别归属于 sc-bSPI-14 隔膜的疏水区和亲水区，表明该隔膜已形成了

亲水/疏水微相分离结构。sc-bSPI-14 隔膜的透射电镜图像[图 7-7(d)]上出现了大量的明暗相间区域(暗区和亮区分别代表着亲水域和疏水域[18])，证实了隔膜亲水/疏水微相分离结构的形成。由于 sc-bSPI-14 隔膜的透射电镜是在干燥状态下进行拍摄，因此暗区域相互分离。若隔膜在湿状态下发生膨胀，这些由亲水性离子簇形成的暗区可以较好地连通，形成质子传导通道，从而有效地改善 sc-bSPI-14 隔膜的质子传导水平[19]。同样的结果也被 Zhang 等[20]和 Xu 等[21]报道。由于 sc-bSPI-14 隔膜的 σ 明显高于商业可接受值(0.01 S/cm)，说明其具有优异的质子传导能力。离子选择性(IS)是隔膜综合性能的重要指标，其计算方法为 σ/P。通常情况下，拥有较高的 IS 值的隔膜有利于 VFB 获得优异的电池性能。sc-bSPI-14 隔膜的 IS(2.78×10^5 S·min/cm^3)远高于 Nafion 212 隔膜(0.43×10^5 S·min/cm^3)，说明 sc-bSPI-14 隔膜将会展现出更优异的 VFB 性能。

7.2.6 化学稳定性分析

隔膜应具有优良的水解/化学稳定性,才可以保证其在 VFB 中的使用寿命。我们采用非原位加速老化的实验方法研究了 sc-bSPI-14 隔膜的水解稳定性。将干燥的 sc-bSPI-14 隔膜分别置于 80℃和 100℃的去离子水中浸泡 15 天后，表征其宏观形态和机械性能[22,23]。数码照片见图 7-8，浸泡后的 sc-bSPI-14 隔膜仍可弯曲，颜色也无改变。此外，sc-bSPI-14 隔膜在 80℃和 100℃的去离子水中浸泡 15 天后，其断裂伸长率(13.23%/12.96%)和最大拉伸强度(27.0 MPa/26.4 MPa)仅略低于原始 sc-bSPI-14 隔膜(最大拉伸强度为 27.5 MPa，断裂伸长率为 15.21%)。为了评价隔膜的化学稳定性，sc-bSPI-14 和 Nafion 212 隔膜被浸泡在 40 ℃的 0.1 mol/L V(Ⅴ) + 3.0 mol/L H_2SO_4 溶液中，结果如图 7-9 所示。sc-bSPI-14 隔膜在所有 sc-bSPI-*x* 隔膜中具有最为优异的化学稳定性,因为 sc-bSPI

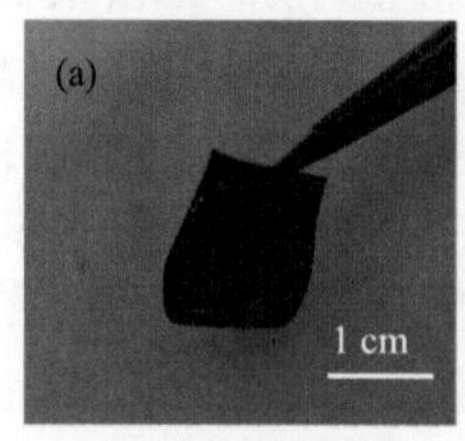

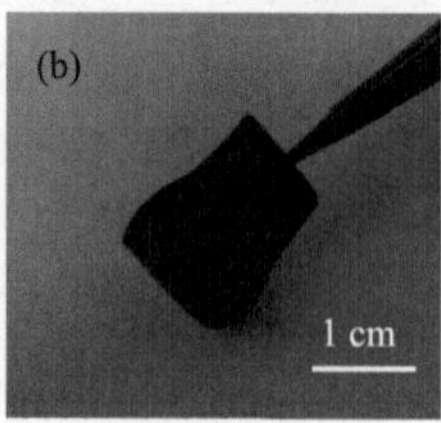

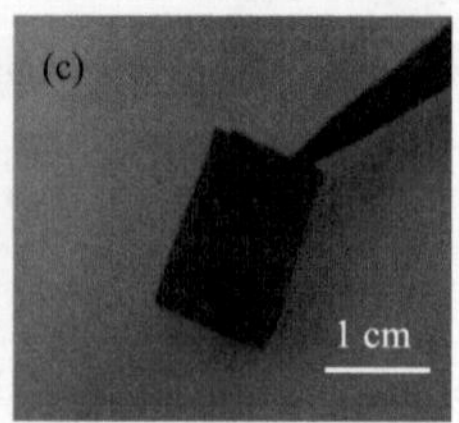

图 7-8 (a)sc-bSPI-14 隔膜浸泡于 80 ℃去离子水中 15 天后的数码照片；(b)sc-bSPI-14 隔膜浸泡于 100 ℃去离子水中 15 天后的数码照片；(c)sc-bSPI-14 隔膜浸泡于 40 ℃的 0.1 mol/L V(Ⅴ) + 3.0 mol/L H_2SO_4 溶液中 15 天后的数码照片

隔膜的亲水性随着 TCD 的升高而逐渐降低。此外，TCD 的提升也导致 V(Ⅴ)进入 sc-bSPI-*x* 透过隔膜的概率下降。数码照片显示，sc-bSPI-14 隔膜在非原位化学稳定性测试后仍可弯曲[如图 7-8(c)所示]，最大拉伸强度(25.5 MPa)和断裂伸长率(11.53%)仅略低于原膜，说明制备的 sc-bSPI-14 隔膜具有良好的化学稳定性，可长期应用于 VFB。以上结果表明：sc-bSPI-14 隔膜具有优良的水解稳定性和化学稳定性。

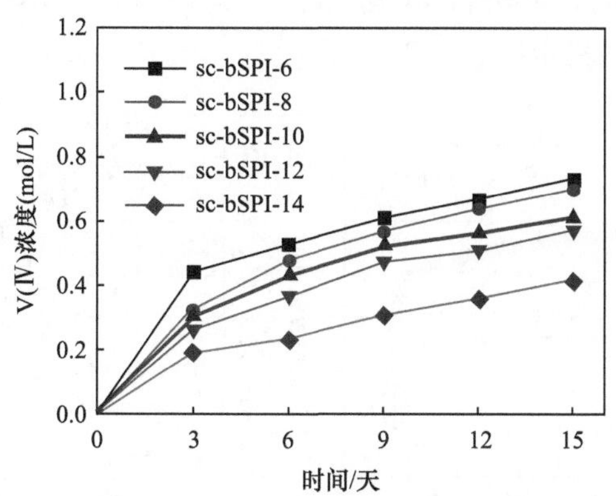

图 7-9　浸泡在 40 ℃的 0.1 mol/L V(Ⅴ) + 3.0 mol/L H_2SO_4溶液中，每克 sc-bSPI-*x* 隔膜样品产生的 V(Ⅳ)离子浓度随时间的变化

7.2.7　VFB 性能分析

利用 VFB 的开路电压(OCV)研究了 sc-bSPI-14 隔膜和 Nafion 212 隔膜的自放电特性，结果如图 7-10(a)所示。sc-bSPI-14 和 Nafion 212 隔膜的 OCV 曲线具有相似的变化趋势。OCV 保持在 0.8 V 以上，sc-bSPI-14 隔膜的自放电时间为 46 h，约为 Nafion 212 隔膜的 4 倍。结果进一步证明 sc-bSPI-14 隔膜比 Nafion 212 隔膜具有更优异的阻钒性能。测试 sc-bSPI-14 和 Nafion 212 隔膜的充放电性能，电流密度从 80 mA/cm^2 增加到 200 mA/cm^2，然后再下降到 80 mA/cm^2，并在每个电流密度下进行了 10 次充放电循环，结果如图 7-10(b～d)所示。在各电流密度下，由于 sc-bSPI-14 隔膜具有更为优异的阻钒性能，sc-bSPI-14 隔膜的 CE(97.6%～99.2%)优于 Nafion 212 隔膜(86.5%～94.5%)。当电流密度从 80 mA/cm^2 增加到 200 mA/cm^2 时，sc-bSPI-14 和 Nafion 212 隔膜的 CE 均逐渐增大，这是因为电流密度增大会导致充放电时间缩短，从而降低了钒离子的渗透量。由于 Nafion 212 隔膜比 sc-bSPI-14 隔膜具有更低的 AR 和更高的 σ 值，因此在 80～200 mA/cm^2 范围内，

sc-bSPI-14 隔膜的 VE 略低于 Nafion 212 隔膜。随着电流密度的增加，由于欧姆极化效应增强，所有隔膜的 VE 均逐渐减小。然而，电流密度从 80 mA/cm² 增加到 200 mA/cm² 的过程中，Nafion 212 隔膜 VE 的下降速率明显快于 sc-bSPI-14 隔膜，这归因于 sc-bSPI-14 隔膜具有更好的 σ 和 P 的平衡性。此外，在 80～200 mA/cm² 下，sc-bSPI-14 隔膜的 EE 值(82.9%～63.2%)高于 Nafion 212 隔膜(78.5%～61.4%)，这是因为 sc-bSPI-14 隔膜的离子选择性高于 Nafion 212 隔膜。当电流密度从 200 mA/cm² 降低到 80 mA/cm² 时，sc-bSPI-14 隔膜的 CE、VE 和 EE 均可恢复到初始水平，说明隔膜具有较好的稳定性。

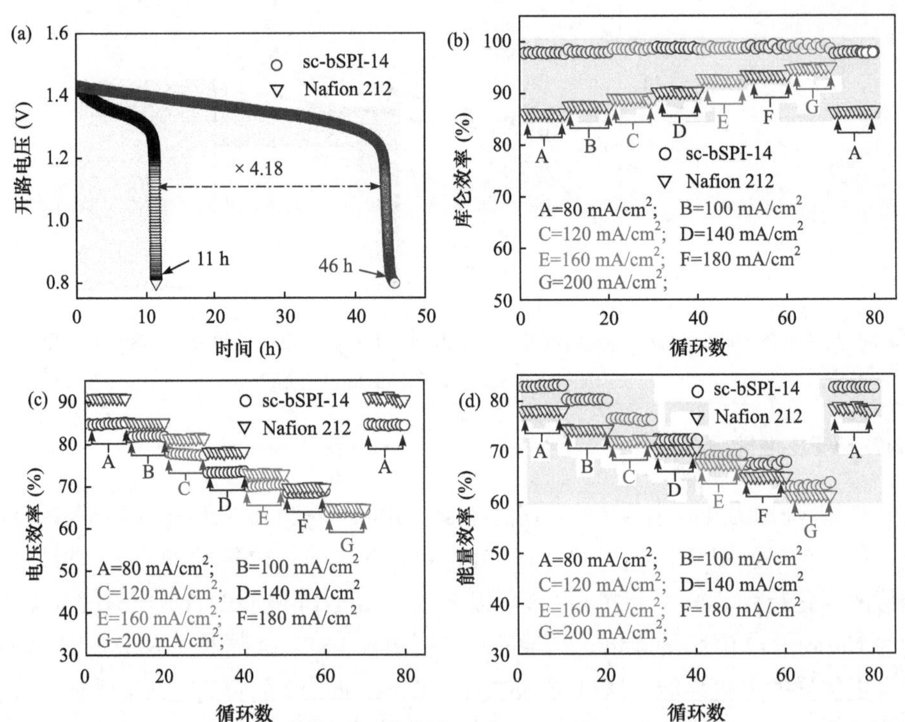

图 7-10　(a)sc-bSPI-14 和 Nafion 212 隔膜的 OCV 图；(b～d)在 80～200 mA/cm² 下，sc-bSPI-14 和 Nafion 212 隔膜的 CE、VE 和 EE 对比

在 140 mA/cm² 下，对 sc-bSPI-14 隔膜进行了 1000 次充放电循环，以进一步确认其运行稳定性，其结果如图 7-11(a)所示。sc-bSPI-14 隔膜在 1000 次 VFB 循环过程中展现出稳定的电池效率(CE≈98%，VE≈77%，EE≈76%)，说明 sc-bSPI-14 隔膜具有良好的循环稳定性。值得注意的是，sc-bSPI-14 隔

膜的 EE 值在报道的 SPI 膜中处于较高的水平，如图 7-11(b)所示[2,4-16,24]。为了科学地评价隔膜的稳定性，VFB 在循环过程中，其容量不能过低，从而保证足够的充放电时间。因此，当放电容量保持率降低到 20%时，利用新鲜电解液进行换液处理，从而获得有价值的 sc-bSPI-14 隔膜充放电循环性能数据。sc-bSPI-14 和 Nafion 212 隔膜的放电容量保留率如图 7-12 所示。当放电容量保留率从 100%降至 20%时，sc-bSPI-14 隔膜经历 209 次循环，而 Nafion 212 隔膜仅经历 103 次循环，进一步证实 sc-bSPI-14 隔膜具有较强的钒离子阻隔能力。当正、负电解液替换后，VFB 的放电容量可恢复初始水平，以便继续

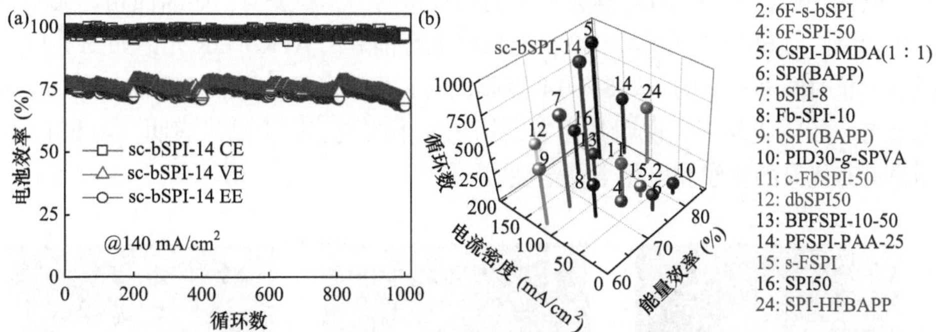

图 7-11 (a)sc-bSPI-14 的 VFB 的循环性能；(b)近年来所报道的纯 SPI 膜的 EE 对比(标号为参考文献序号)[2,4-16,24]

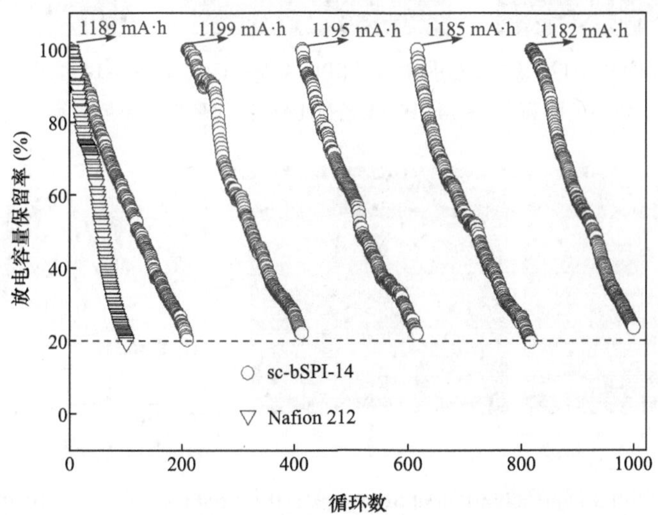

图 7-12 sc-bSPI-14 和 Nafion 212 隔膜的放电容量保留率

进行充放电循环。此外，在第 209、414、615、818 次充放电循环更换电解液后，VFB 依旧可以恢复到初始放电容量水平，表明 sc-bSPI-14 隔膜具有出色的循环稳定性能。

7.2.8 形貌分析

使用 AFM 和 SEM 表征了 sc-bSPI-14 隔膜在 1000 次充放电循环前后的微观形貌，结果如图 7-13(a～c)和 7-14(a，b)所示。sc-bSPI-14 隔膜面向正极(1.27 nm)和负极(1.14 nm)的表面粗糙度与原始隔膜(1.34 nm)基本相同。经过 1000 次 VFB 充放电循环后，sc-bSPI-14 隔膜断面仍然致密均匀，厚度与初始断面相比无明显变化。此外，sc-bSPI-14 隔膜 1000 次充放电循环前后的 ATR-FTIR 光谱如图 7-14(c)所示。长时间循环后的 sc-bSPI-14 隔膜面对正极和负极的隔膜表面的 ATR-FTIR 光谱与原始隔膜相同，说明其化学结构未发生改变。以上结果表明：sc-bSPI-14 隔膜具有优异的化学和电化学稳定性。

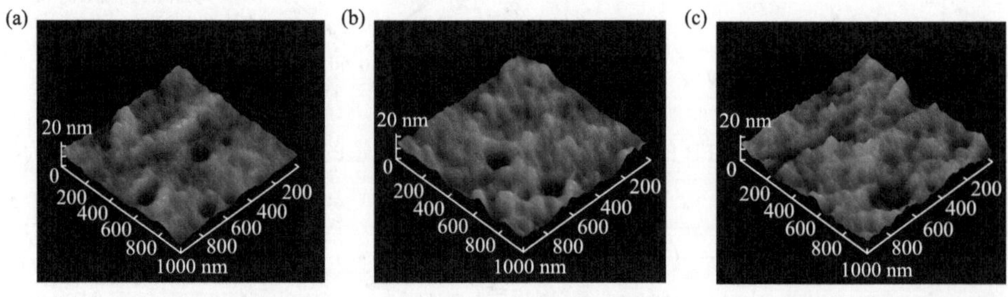

图 7-13　隔膜表面的 AFM 图像：(a)原始 sc-bSPI-14 隔膜；(b)sc-bSPI-14 经过 1000 次循环面对负极的隔膜；(c)sc-bSPI-14 经过 1000 次循环面对正极的隔膜

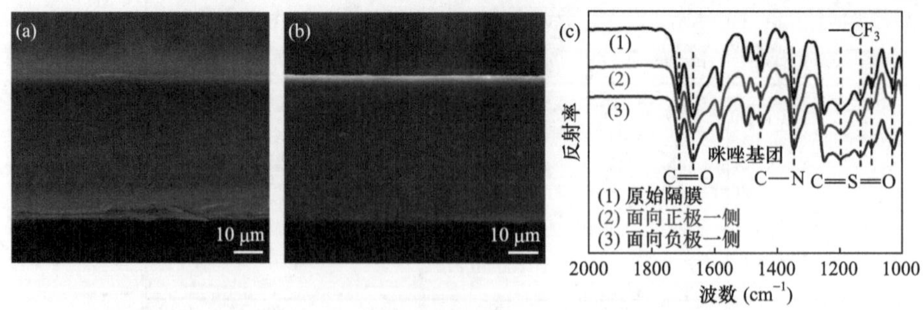

图 7-14　(a)sc-bSPI-14 隔膜的原始断面 SEM 图像；(b)sc-bSPI-14 隔膜经过 1000 次循环后的断面 SEM 图像；(c)sc-bSPI-14 隔膜原始和经过 1000 次循环的 ATR-FTIR 图谱

7.3 本章小结

利用 3,5-二氨基苯甲酸和 3,3′-二氨基联苯胺等原料合成了四胺单体 4,4′,4″,4‴-(1*H*,3′*H*-[5,5′-联苯[*d*]咪唑])四苯胺(BTA)，并利用 FTIR、^{1}H NMR 和 ^{14}C NMR 证明了 BTA 单体的成功合成。以 ODA、TFAPOB、BDSA、NTDA 和 BTA 单体为原料，利用高温缩聚反应，通过控制 BTA 和 ODA 的比例，成功制备了具有不同理论交联度的 sc-bSPI-*x* 隔膜。对 sc-bSPI-*x* 隔膜的分子结构和理化性能进行了详细表征。sc-bSPI-*x* 隔膜的钒离子渗透率随理论交联度的提升而逐渐降低。由于酸碱对和明显的微相分离结构存在，sc-bSPI-14 隔膜在所有 sc-bSPI-*x* 膜中具有最强的质子传导能力。在 80～200 mA/cm^2 下，使用 sc-bSPI-14 隔膜的 VFB 相较于使用 Nafion 212 隔膜的电池表现出更高的 CE 和 EE。为了进一步探究 sc-bSPI-14 隔膜的循环稳定性，将 sc-bSPI-14 隔膜进行 1000 次充放电循环，CE 和 EE 无明显下降。此外，长循环后的 sc-bSPI-14 隔膜依然保持稳定的分子结构和微观形貌。

参考文献

[1] Hu L N, You M, Meng J Q. Chlorination as a simple but effective method to improve the water/salt selectivity of polybenzimidazole for desalination membrane applications. J Membr Sci, 2021, 638: 119745.

[2] Li J C, Liu S Q, He Z, Zhou Z. A novel branched side-chain-type sulfonated polyimide membrane with flexible sulfoalkyl pendants and trifluoromethyl groups for vanadium redox flow batteries. J Power Sources, 2017, 347: 114-126.

[3] Zheng P L, Liu Q Y, Wang D H, Li Z K, Meng Y W, Zheng Y. Preparation of covalent-ionically cross-linked UiO-66-NH_2/sulfonated aromatic composite proton exchange membranes with excellent performance. Front Chem, 2020, 8: 56.

[4] Li J C, Liu S Q, He Z, Zhou Z. Semi-fluorinated sulfonated polyimide membranes with enhanced proton selectivity and stability for vanadium redox flow batteries, Electrochim Acta, 2016, 216: 320-331.

[5] Yu L H, Wang L, Yu L W. Aliphatic/aromatic sulfonated polyimide membranes with cross-linked structures for vanadium flow batteries. J Membr Sci, 2019, 572: 119-127.

[6] Zhang Y P, Li J C, Zhang H P. Sulfonated polyimide membranes with different non-sulfonated diamines for vanadium redox battery applications. Electrochim Acta, 2014, 150: 114-122.

[7] Zhang Y P, Zhang S, Huang X D. Synthesis and properties of branched sulfonated polyimides for membranes in vanadium redox flow battery application. Electrochim Acta, 2016, 10: 308-320.

[8] Yang P, Xuan S S, Long J. Fluorine-containing branched sulfonated polyimide membrane for vanadium redox flow battery applications. ChemElectroChem, 2018, 5: 3695-3707.

[9] Pu Y, Huang X D, Yang P. Effect of non-sulfonated diamine monomer on branched sulfonated polyimide membrane for vanadium redox flow battery application. Electrochim Acta, 2017, 241: 50-62.

[10] Xia Y F, Liu B, Wang Y H. Effects of covalent bond interactions on properties of polyimide grafting sulfonated polyvinyl alcohol proton exchange membrane for vanadium redox flow battery applications. J Power Sources, 2019, 433: 126680.

[11] Yang P, Long J, Xuan S S. Branched sulfonated polyimide membrane with ionic cross-linking for vanadium redox flow battery application. J Power Sources, 2019, 438: 226993.

[12] Long J, Xu W J, Xu S B. A novel double branched sulfonated polyimide membrane with ultra-high proton selectivity for vanadium redox flow battery. J Membr Sci, 2021, 628: 119259.

[13] Xu W J, Long J, Liu J. Novel highly efficient branched polyfluoro sulfonated polyimide membranes for application in vanadium redox flow battery. J Power Sources, 2021, 485: 229354.

[14] Li J C, Xu W J, Huang W H. Stable covalent cross-linked polyfluoro sulfonated polyimide membranes with high proton conductance and vanadium resistance for application in vanadium redox flow batteries. J Mater Chem A, 2021, 9: 24704-24711.

[15] Li J C, Yuan X D, Liu S Q. A low-cost and high-performance sulfonated polyimide proton conductive membrane for vanadium redox flow/static batteries. ACS Appl Mater Interfaces, 2017, 9: 32643-32651.

[16] Wang L, Yu L H, Mu D. Acid-base membranes of imidazole-based sulfonated polyimides for vanadium flow batteries. J Membr Sci, 2018, 552: 167-176.

[17] Zhang B G, Zhao M H, Liu Q. High performance membranes based on pyridine containing poly(aryl ether ketone ketone) for vanadium redox flow battery applications. J Power Sources, 2021, 506: 230128.

[18] Ding C, Zhang H M, Li X F. Morphology and electrochemical properties of perfluorosulfonic acid ionomers for vanadium flow battery applications: effect of side-chain length. ChemSusChem, 2013, 6: 1262-1269.

[19] Huang Y C, Lee H F, Tseng Y C. Synthesis of novel sulfonated poly(arylene ether)s containing a tetra-trifluoromethyl side chain and multi-phenyl for proton exchange membrane fuel cell application. RSC Adv, 2017, 7: 33068-33077.

[20] Zhang Y, Chen W T, Li T T. Tuning hydrogen bond and flexibility of N-spirocyclic cationic

spacer for high performance anion exchange membranes. J Membr Sci, 2020, 613: 118507.

[21] Xu J M, Wang Z, Ni H Z. A facile functionalized routine for the synthesis of side-chain sulfonated poly(arylene ether ketone sulfone) as proton exchange membranes. Int J Hydrogen Energy, 2017, 14: 5295-5305.

[22] Yin Y. Structure-property relationship of polyimides derived from sulfonated diamine isomers. High Perform Polym, 2006, 18: 617-635.

[23] Watari T, Fang J H, Tanaka K. Synthesis, water stability and proton conductivity of novel sulfonated polyimides from 4,4'-bis(4-aminophenoxy)biphenyl-3,3'-disulfonic acid. J Membr Sci, 2004, 230: 111-120.

[24] Chen Q, Ding L M, Wang L H. High proton selectivity sulfonated polyimides ion exchange membranes for vanadium flow batteries. Polymer, 2018, 10: 1315.

第 8 章　磺化聚酰亚胺隔膜材料在全钒液流电池中的降解机理研究

全钒液流电池的正负极电解液分别为含有 V(Ⅴ)/V(Ⅳ)和 V(Ⅱ)/V(Ⅲ)的硫酸溶液，强酸强氧化性的工作环境对几乎所有磺化芳香聚合物隔膜(包括磺化聚酰亚胺隔膜)的稳定性都是一个巨大的挑战。因此，了解 VFB 连续运行过程中隔膜的降解机理是非常有必要的。本章选用线型磺化聚酰亚胺(l-SPI)隔膜和支化磺化聚酰亚胺(b-SPI)隔膜为研究对象，研究其在酸性钒离子溶液中(非原位降解)和在实际 VFB 系统(原位降解)中的稳定性，在实验结果的基础上通过 DFT 计算对 b-SPI 隔膜的降解机理进行了研究，最后结合实验和 DFT 计算结果，推断了 b-SPI 隔膜在 VFB 环境中的降解过程。降解机理的揭示将为设计和优化磺化聚酰亚胺隔膜提供理论支撑，从而提高 VFB 隔膜的使用寿命。

8.1　磺化聚酰亚胺隔膜材料的制备

8.1.1　线型磺化聚酰亚胺隔膜的制备

在装配有机械搅拌加热器和蛇形冷凝管的三口烧瓶中，加入 4.0 mmol BDSA、2.6 mL 三乙胺(TEA)和 80 mL 间甲酚，室温搅拌至单体溶解。接着，再加入 4.0 mmol ODA，搅拌至完全溶解后，再加入 8.0 mmol NTDA 和 16 mmol 的苯甲酸，继续搅拌 0.5 h 以获得均匀的溶液反应体系。随后，将反应体系在 80℃和 180℃下分别搅拌反应 4 h 和 20 h。反应完成后，降温至 80℃时，加入 20 mL 间甲酚以稀释反应溶液。继续搅拌 0.5 h，再在持续搅拌下将溶液缓慢倾倒到装有 300 mL 丙酮的烧杯中，得到黄色纤维状沉淀。将得到的黄色纤维状沉淀用丙酮洗涤 3 次，以除去残余的间甲酚和未反应的单体原料，并置于 80℃的真空烘箱中干燥 24 h，即可得到三乙胺型的线型 SPI(l-SPI-NEt_3)高分子。其中，由于 BDSA 上的—SO_3H 基团和氨基形成内盐结构，故 BDSA 在大多数溶剂中的溶解度均较低。因此，加入 TEA 以与 BDSA 中的磺酸基团反应，从而将内盐结构打开，促进了 BDSA 在间甲酚中的溶解。间甲酚作为反应溶剂、苯甲酸作为催化剂，有助于缩聚得到具有较大分子量的高分子。

将上面合成的 I-SPI-NEt_3 高分子溶解到间甲酚中，获得质量体积分数为 7%的高分子溶液。然后，将 I-SPI-NEt_3 高分子溶液倾倒于洁净且干燥的玻璃板上，并流延成膜，再于 80℃下干燥 24 h 以完全除去间甲酚溶剂。最后，将玻璃板浸泡于去离子水中，将隔膜剥离，即可得到 I-SPI-NEt_3 隔膜材料。将获得的 I-SPI-NEt_3 隔膜材料浸泡于 400 mL 乙醇中 12 h，除去残余的间甲酚溶剂。然后，用去离子水将隔膜清洗，再将其浸泡于 1.0 mol/L 的硫酸溶液中 24 h，进行充分的质子交换，使 I-SPI-NEt_3 隔膜转变为质子型的 I-SPI 隔膜。最后，用去离子水浸泡 I-SPI 隔膜 24 h 以彻底除去隔膜上残留的硫酸溶液，并储存待后续测试使用。I-SPI 隔膜的合成路线如图 8-1 所示。

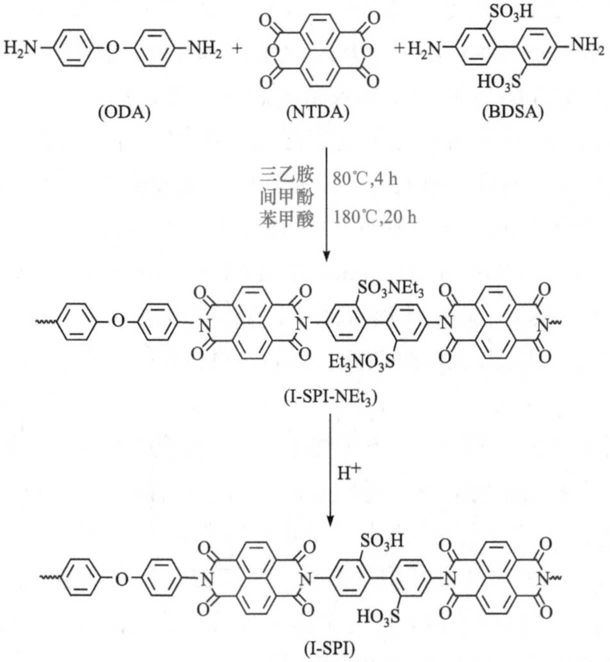

(ODA)　(NTDA)　(BDSA)

三乙胺　间甲酚　苯甲酸　80℃,4 h　180℃,20 h

(I-SPI-NEt_3)

H^+

(I-SPI)

图 8-1　I-SPI 膜的合成路线

用上述方法也可以合成以氨基为端基的磺化聚酰亚胺低聚物，现将其命名为 I-SPI(P3)-NEt_3。合成 I-SPI(P3)-NEt_3 和 I-SPI-NEt_3 的不同之处在于试剂的用量：对于前者，BDSA、间甲酚、TEA 和 NTDA 的量分别是 4.0 mmol、22 mL、5.0 mL 和 4.0 mmol。此外，I-SPI(P3)-NEt_3 沉淀通过抽滤获得。将 I-SPI(P3)-NEt_3 溶于水中，用 1.0 mol/L H_2SO_4 溶液质子化，此过程持续 24 h。可观察到溶液中产生沉淀 I-SPI(P3)-H，过滤，用去离子水洗涤。然后，将获得的沉淀 I-SPI(P3)-H 在 40℃真空烘箱中干燥 6 h。I-SPI(P3)-H 低聚物的化学结构式如图 8-2 所示。

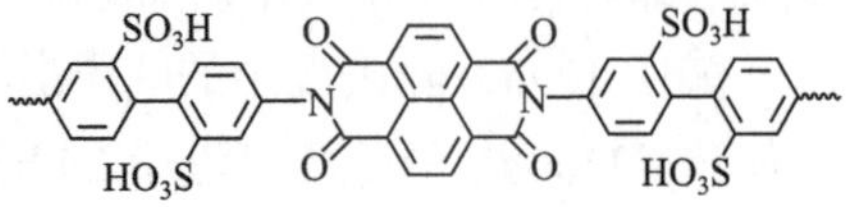

图 8-2　I-SPI(P3)-H 低聚物的化学结构式

8.1.2　支化磺化聚酰亚胺隔膜材料的制备

首先，合成支化三胺单体——1,3,5-三(2-三氟甲基-4-氨基苯氧基)苯(TFAPOB)[1]，然后采用 NTDA、BDSA、ODA 和 TFAPOB 单体制备具有 10%支化度和 50%磺化度的 bSPI 隔膜。制备路线如下：将 8.0 mmol NTDA、16 mmol 苯甲酸和 40 mL 间甲酚加入到装配有磁力搅拌器、蛇形冷凝管和温控装置的 250 mL 三口烧瓶中，室温下搅拌 1 h。另于 100 mL 烧杯中加入 4.0 mmol BDSA、2.6 mL TEA 和 40 mL 间甲酚，在 60℃下搅拌 1 h 使 BDSA 完全溶解。然后，向烧杯中加入 2.8 mmol ODA 和 0.8 mmol TFAPOB，继续搅拌 1 h 使单体完全溶解。将三口烧瓶升温至 60℃，用恒压滴液漏斗将烧杯中的溶液缓慢滴加到三口烧瓶中后，继续搅拌 15～20 h 形成聚酰胺酸。最后，将三口烧瓶中的溶液倾倒于干燥且洁净的玻璃板上，流延成膜，先于 60℃下干燥 20 h 以除去间甲酚溶剂，再分别于 80℃、100℃、120℃和 150℃下干燥 1 h，以使聚酰胺酸闭环形成三乙胺型含氟支化 SPI(b-SPI-NEt_3)隔膜。将获得的 b-SPI-NEt_3 隔膜浸泡到 400 mL 乙醇中 12 h 以除去残余的间甲酚溶剂，再用去离子水将隔膜清洗干净，然后再将其浸泡于 1 mol/L 的硫酸溶液中 24 h 进行质子交换，使其转变为质子型 b-SPI 隔膜。最后，用去离子水浸泡 b-SPI 隔膜 24 h 以完全除去残留的硫酸溶液，并储存待后续测试使用。b-SPI 隔膜的合成路线如图 8-3 所示。

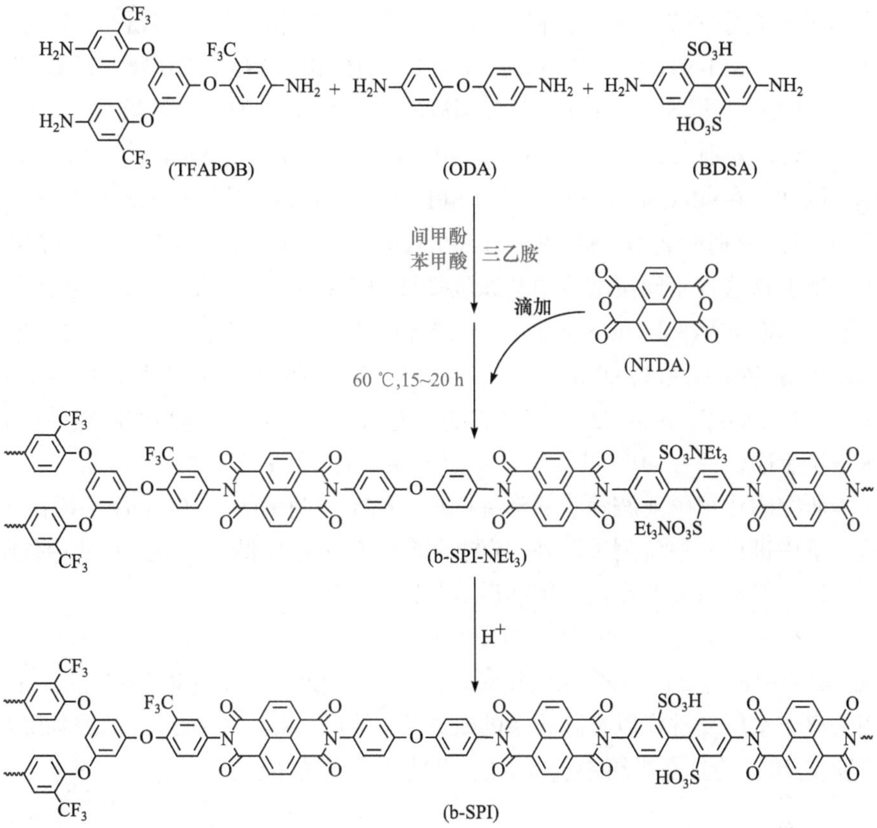

图 8-3　b-SPI 隔膜的合成路线

8.1.3　磺化聚酰亚胺隔膜材料的原位降解实验

以磺化度为 50%的 I-SPI 隔膜为研究对象，将其应用于 VFB 单电池中，在 50 mA/cm^2 电流密度下进行循环充放电，直到隔膜破裂。取出在 VFB 中原位降解后的 I-SPI 隔膜，用去离子水清洗隔膜表面的电解液，再在去离子水中浸泡 2 h。取出隔膜，用去离子水冲洗两次，并在 50℃真空烘箱中干燥 6 h，取出保存在密封样品袋中备用。

8.1.4　磺化聚酰亚胺隔膜材料的非原位降解实验

取 I-SPI 隔膜(8.0 cm × 10.0 cm × 50 μm)在 40℃下于 1.5 mol/L V(Ⅴ)+ 3.0 mol/L H_2SO_4 溶液(300.0 mL)中分别浸泡 3、6、9、15 和 30 天后，将隔膜取出，

用去离子水充分洗涤。然后，将隔膜在 40℃真空烘箱中干燥 6 h，分别命名为 I-SPI-VH3、I-SPI-VH6、I-SPI-VH9、I-SPI-VH15 和 I-SPI-VH30 膜。用类似的方法在 40℃条件下将 5 张 I-SPI 隔膜分别浸泡在 3.0 mol/L H_2SO_4溶液中 3、6、9、15 和 30 天，分别命名为 I-SPI-H3、I-SPI-H6、I-SPI-H9、I-SPI-H15 和 I-SPI-H30 隔膜。同样，在 40℃条件下将 5 张 I-SPI 隔膜分别浸泡于去离子水中 3、6、9、15 和 30 天，分别命名为 I-SPI-W3、I-SPI-W6、I-SPI-W9、I-SPI-W15 和 I-SPI-W30 隔膜。所有这些在不同浸泡液中非原位降解的 I-SPI 隔膜将被用作进一步表征。

取 b-SPI 隔膜(8.0 cm × 8.0 cm × 55 μm)在 40℃下浸泡于 1.5 mol/L V(Ⅴ)+ 3.0 mol/L H_2SO_4溶液(300.0 mL)中 3、9、15、21 和 30 天，分别表示为 b-SPI-3、b-SPI-9、b-SPI-15、b-SPI-21 和 b-SPI-30 隔膜。然后取出浸泡后的隔膜并用去离子水清洗干净，并在 40℃的真空烘箱中干燥 8 h，待进一步表征和分析。

为研究磺化聚酰亚胺隔膜的降解机理，除了将制备的 I-SPI 隔膜在模拟 VFB 运行环境中进行非原位测试以外，还制备了 I-SPI(P3)-H 低聚物并进行非原位降解测试，以更好地研究非原位降解前后 I-SPI 的结构变化。

将含少量单体的 I-SPI(P3)-H 低聚物浸泡入 40℃的 1.0 mol/L VO_2^+ + 3.0 mol/L H_2SO_4溶液中进行 24 h 的非原位降解。过滤后用 3.0 mol/L H_2SO_4溶液洗涤 3 次，再用去离子水反复洗涤以去除残余的钒离子。然后，将 I-SPI(P3)-H 低聚物降解后的产物在 40℃的真空烘箱中干燥 6 h，并将之命名为 I-SPI(P3)-VH。

8.1.5　理论计算

通过 DFT 计算模拟了磺化聚酰亚胺隔膜的降解机理。采用 Gaussian 09(G09)模拟计算聚酰亚胺在酸性溶液中的降解机理[2,3]，在模型构建与计算中采用密度泛函理论(DFT)，uB3LYP 泛函和 6-31G(d,p)基组[4]，采用极化连续溶剂模型(PCM)模拟物质周围的溶剂环境[5,6]。对于一个标准的反应 $A+B\longrightarrow[AB]^{\neq}\longrightarrow C$，将构型 A、B 和 C 分别在水介质中进行结构优化，并通过模拟计算找到反应的过渡态 $[AB]^{\neq}$[2]。在 DFT 计算中，由于化学反应通常只依赖于近距离相互作用，不需要研究整个聚合物分子，因此可以利用聚合物分子片段或模型分子来研究断键机理[5]。因此，选择 b-SPI 分子结构的关键部分作为研究对象并在两端的不饱和键上以—CH_3封端。

8.2　线型磺化聚酰亚胺隔膜材料的降解行为分析

8.2.1　I-SPI 隔膜的 VFB 性能演变

将 I-SPI 隔膜装入 VFB，于 50 mA/cm^2 电流密度下进行循环充放电测试直到隔膜破裂，该过程持续了 800 个充放电循环(大约 720 h)。如图 8-4 所示，CE 在开始的 750 次循环中保持稳定(大约 97.5%)，随后 CE 因隔膜的破裂而迅速下降。在更换电解液后，VE 均随循环次数增加而下降，这可归因于正、负极电解液的不平衡[7-9]，由此也导致了 EE 随循环次数增加而下降。在第 113、330、500 及 707 次循环时更换正、负极电解液后电池仍能获得接近于初始值的 EE，可恢复的电池效率表明 I-SPI 隔膜在破裂前具有较稳定的 VFB 性能。

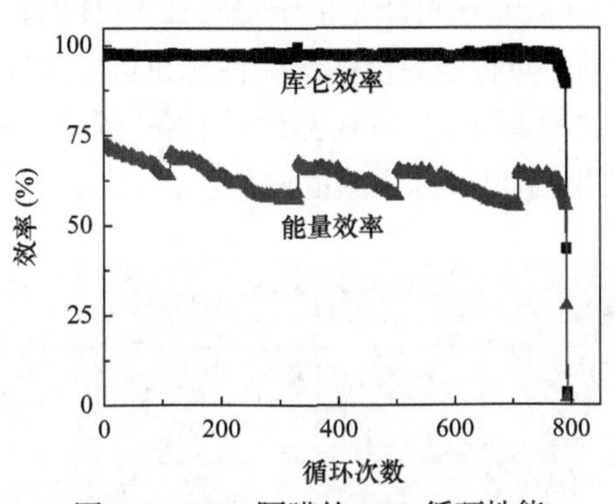

图 8-4　I-SPI 隔膜的 VFB 循环性能

8.2.2　I-SPI 隔膜原位降解形貌分析

图 8-5 显示的是 I-SPI 膜表面在长达约 720 h 的 VFB 测试前后的光学图像对比。显然，初始的膜表面光滑且无孔和裂纹[见图 8-5(a)]。然而，经过长时间的 VFB 测试后，一些肉眼可见的裂缝出现于 I-SPI 膜的表面[见图 8-5(b，c)]，导致正、负极电解液快速交叉混合，随后造成如图 8-4 所示的结果，即 CE 和 EE 在最后的循环轮次中急剧下降。

为了进一步对比 I-SPI 隔膜在长时间 VFB 测试前后的形貌改变，用 SEM 表征了膜的表面断面形貌。如图 8-6(a，b)所示，在 VFB 测试前，I-SPI 隔膜的表面和断面光滑无缺陷。在长时间的 VFB 测试后，面向正极侧和负极侧的隔膜表面

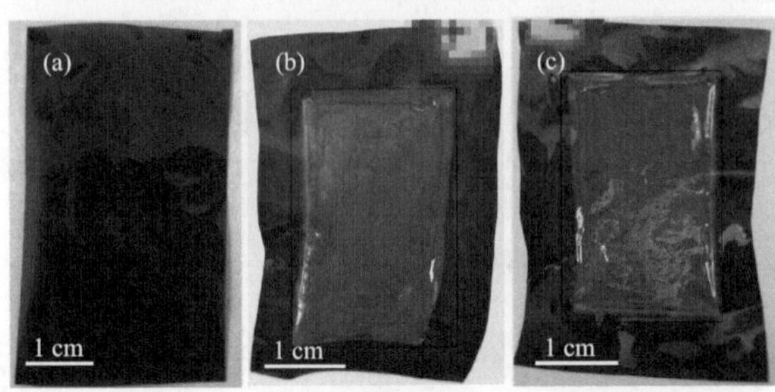

图 8-5　I-SPI 膜表面的光学图像：(a)VFB 测试前；(b)VFB 测试后面向正极一侧；(c)VFB 测试后面向负极一侧

SEM 图像出现明显的差别，结果如图 8-6(c～e)所示：面向负极侧的隔膜表面一直保持完整的形貌，见图 8-6(e)；然而，许多微观缺陷存在于面向正极侧的隔膜表面，见图 8-6(c)。类似的面向正极侧和负极侧的隔膜表面 SEM 图像中的差异在其他研究中也曾被观察到[10,11]。这可能是由于隔膜在 VFB 的正极电解液的强酸强氧化环境中被降解造成的。负极电解液的氧化性比正极电解液低，使得面向负极侧的隔膜表面被降解程度大大降低。VFB 测试后 I-SPI 隔膜的断面显示出一些裂纹，如图 8-6(d)所示，表明降解已经深入膜的内部。

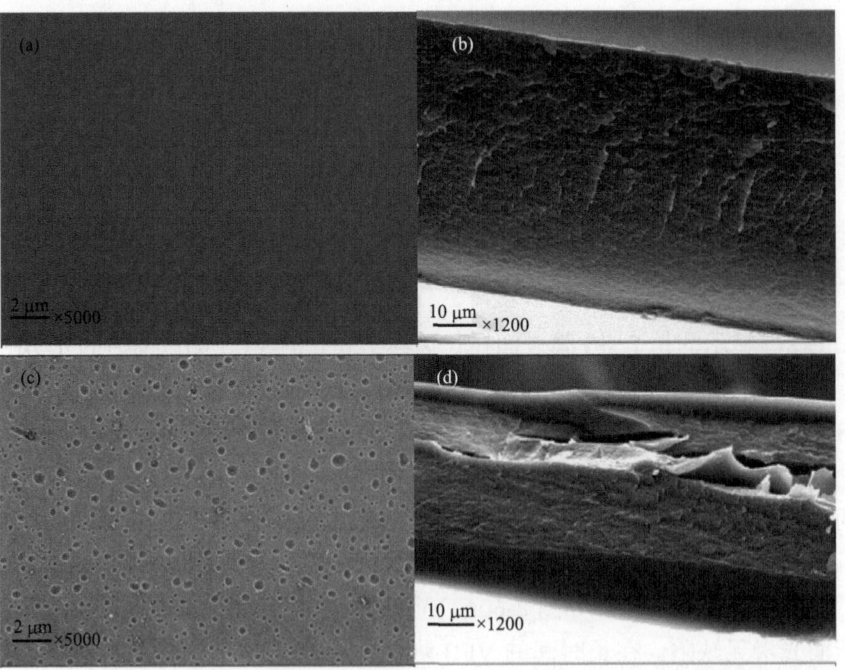

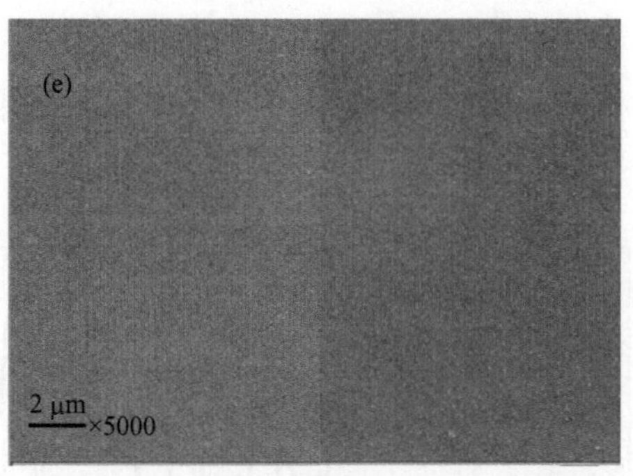

图 8-6　I-SPI 隔膜的 SEM 图像：(a，b)VFB 测试前的初始表面及断面；(c)VFB 测试后面向正极侧的表面；(d)VFB 测试后的断面；(e)VFB 测试后面向负极侧的表面

8.2.3　I-SPI 隔膜的化学结构变化分析

为了进一步揭示造成如上所述 I-SPI 隔膜的理化特性、形貌和 VFB 性能改变的原因，进行了 FTIR 和 ^{1}H-NMR 表征，结果分别见图 8-7 和图 8-8。VFB 测试前后 I-SPI 隔膜的 FTIR 光谱并没有明显的区别，甚至在 VFB 中运行长达 720 h 后，I-SPI 隔膜上 C═O 的对称伸缩振动峰和非对称振动峰(分别在 1712 cm^{-1} 和 1671 cm^{-1})以及 C—N 的伸缩振动峰(1349 cm^{-1})均能保持它们的相对强度和波数基本不变，这证明了 VFB 测试后 I-SPI 隔膜上绝大多数酰亚胺环的存在。磺酸基团上的 S═O 对称和非对称伸缩振动(分别在 1097 cm^{-1} 和 1032 cm^{-1}) 强度值保持相对稳定，这表明 I-SPI 隔膜上的磺酸基团在 VFB 测试后仍然是稳定的，此结果与 IEC 测试结果一致。类似的 FTIR 结果亦出现在应用于 VFB 中的 SPEEK 膜的降解研究中[11]。如图 8-8 所示，VFB 测试前后 I-SPI 隔膜的 ^{1}H-NMR 图谱出现了明显的差异。VFB 测试前，I-SPI 隔膜在 8.05 ppm、7.75 ppm 和 7.41 ppm(图 8-8 中的 H4、H5 和 H6)处的化学位移归属于 BDSA，7.32 和 7.57 ppm(H2 和 H3)处的化学位移归属于 ODA，8.77 ppm(H1)处的化学位移归属于 NTDA。VFB 测试后，归属于 NTDA 和 ODA 的峰保持了它们的初始强度和位置，但归属于 BDSA 的峰出现了较大的相对强度改变。具体而言，8.05 ppm、7.75 ppm 和 7.41 ppm(分别为 H4、H5 和 H6)处的峰被拓宽了，这是因为 BDSA 的氢原子(H4、H5、H6)的化学环境发生变化。8.57～8.60 ppm 处的新峰归属于可能的降解产物 B(表 8-1 中的 Hc、Hd、He 和 Hf)[12]。可能的降解产物 B 中的羧基峰应在接近 12.16 ppm 化学位移处(H7*)，但此峰未能清晰地观察到，可能是因为羧基上的氢是活泼氢，且量很少。

除此之外，化学位移 8.25 ppm 处(表 8-1 中可能的降解产物 C 的 H4*)的峰面积增加，这表明与 BDSA 相关的端基的含量增加。这些结果表明 BDSA 附近的聚合物主链发生了分子链断裂。

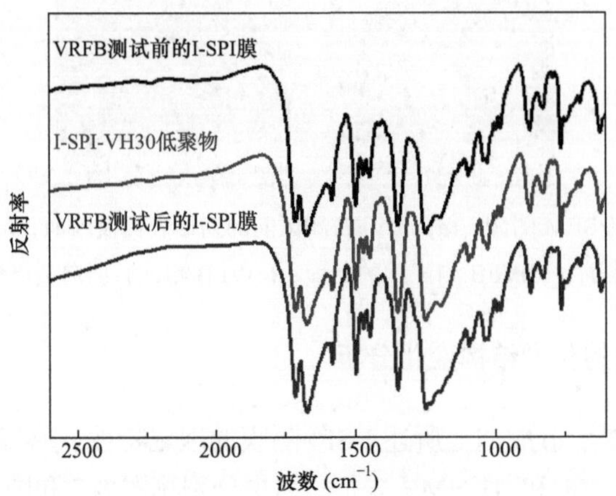

图 8-7　I-SPI 隔膜和 I-SPI-VH30 低聚物的 FTIR 光谱

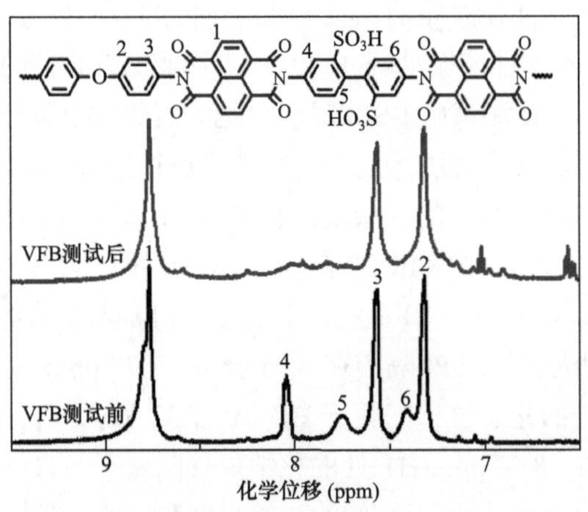

图 8-8　VFB 测试前后 I-SPI 隔膜的 ^{1}H-NMR 图谱

表 8-1　I-SPI 隔膜在 VFB 循环中可能的降解产物及相关化学位移

降解产物	化学结构	质子位置	化学位移(ppm)
A		a, b 7	8.60～8.63 12.16

续表

降解产物	化学结构	质子位置	化学位移(ppm)
B	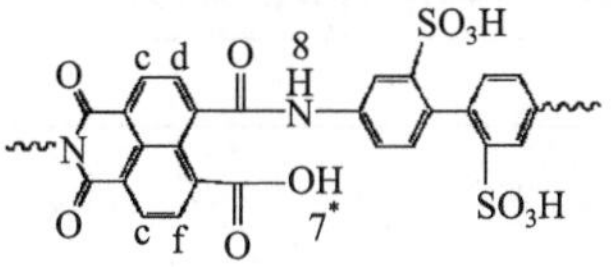	7* 8 c, d, e, f	12.16 9.62 8.57～8.60
C	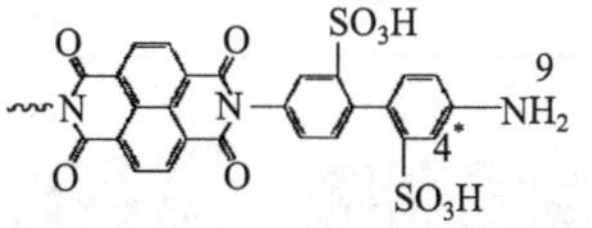	4* 9	8.25 4.92

8.2.4　I-SPI 隔膜非原位降解形貌分析

将 I-SPI 隔膜分别在 1.5 mol/L VO_2^+ + 3.0 mol/L H_2SO_4 溶液、3.0 mol/L H_2SO_4 溶液和去离子水中进行非原位降解长达 15 天(依次命名为 I-SPI-VH15、I-SPI-H15 和 I-SPI-W15)，温度为 40℃，降解后隔膜的光学照片如图 8-9(a～c)所示。与初始隔膜[图 8-5(a)]相比，干燥 I-SPI-VH15[图 8-9(a)]和 I-SPI-H15[图 8-9(b)]隔膜的表面上不均匀形貌增多，但 I-SPI-W15 膜[图 8-9(c)]则保持了与图 8-5(a)相似且均匀的形貌。这表明隔膜在酸性 V(Ⅴ)溶液和 H_2SO_4 溶液中的降解更为严重。此外，与 I-SPI-H15 和 I-SPI-W15 隔膜相比，I-SPI-VH15 隔膜的颜色更黄，这归因于 I-SPI-VH15 隔膜表面吸附了 V(Ⅴ)离子。SEM 测试显示，I-SPI-VH15[图 8-10(a)]、I-SPI-H15[图 8-10(b)]和 I-SPI-W15[图 8-10(c)]隔膜的表面形貌在微观上都是完整的。这表明：与 30 天的原位降解测试(见 8.2.2 节)相比，15 天的非原位降解实验使隔膜的表面形貌受损较轻。一方面，原位降解时间大约为 720 h，比非原位降解时间(360 h)更长，从而导致原位测试后隔膜表面更为严重的形貌缺陷；另一方面，在原位 VFB 测试期间电场和流动的酸性 V(Ⅴ)溶液均对 I-SPI 隔膜的降解起到加剧作用，而非原位降解中未施加电场，且浸泡溶液是静态的。上述原因导致了非原位降解中 I-SPI 隔膜表面形貌受破坏程度降低。I-SPI-VH15 和 I-SPI-H15 隔膜[图 8-10(d，e)]的断面在非原位降解测试后出现沿着膜平面方向的裂纹，这与图 8-6(d)的结果相似。但 I-SPI-W15 隔膜的断面仍能保持完整且与初始膜相似的形貌[图 8-6(b)]。I-SPI-VH15 和 I-SPI-H15 隔膜断面的裂纹可归因于以下两点：一是因为聚合物主链在 1.5 mol/L VO_2^+ + 3.0 mol/L H_2SO_4 溶液或在 3.0 mol/L H_2SO_4 溶液中水解程度大大增加，这可由表 8-2 中 I-SPI-VH15 和 I-SPI-H15 隔膜的黏均分子量所证实；另一个原因则是隔膜存在各向异性，这使得隔膜在厚度方向溶胀程度更为严重[13]。

表 8-2　I-SPI-W15、I-SPI-H15 和 I-SPI-VH15 隔膜的黏均分子量对比

隔膜	黏均分子量
I-SPI-W15	191965
I-SPI-H15	154919
I-SPI-VH15	150171

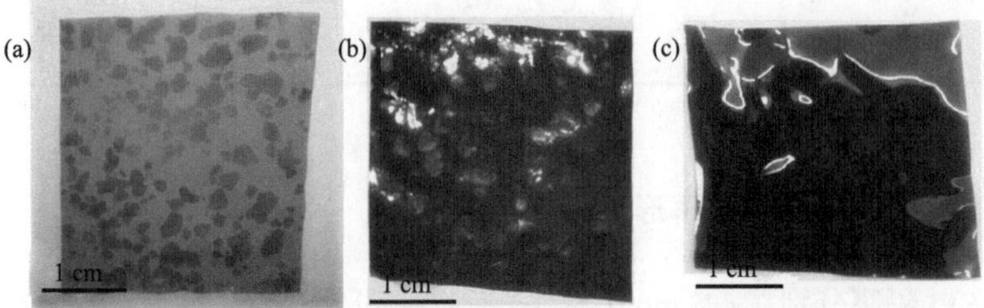

图 8-9　非原位降解后隔膜的光学照片：(a)I-SPI-VH15；(b)I-SPI-H15；(c)I-SPI-W15

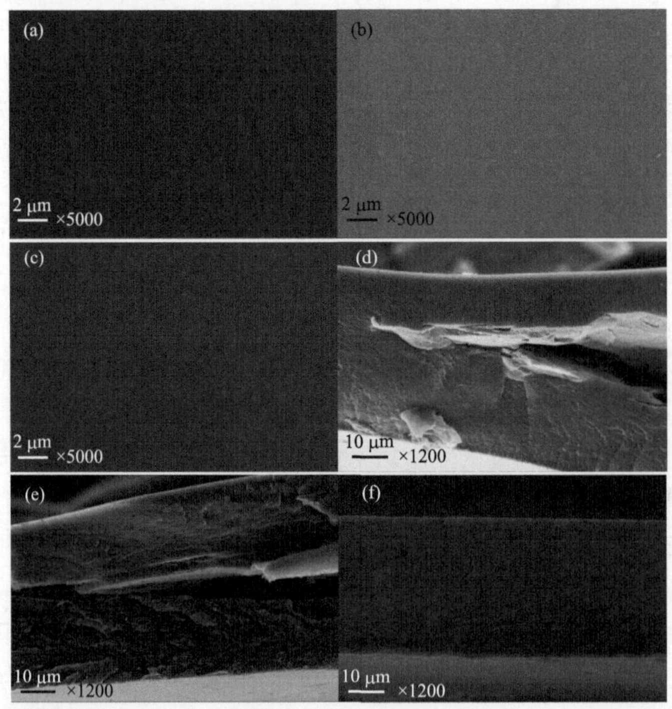

图 8-10　非原位降解后隔膜的 SEM 图像：(a～c)分别为 I-SPI-VH15、I-SPI-H15 和 I-SPI-W15 的表面；(d～f)分别为 I-SPI-VH15、I-SPI-H15 和 I-SPI-W15 的断面

8.2.5　I-SPI 隔膜在不同浸泡液中生成 V(Ⅳ)浓度分析

V(Ⅴ)具有强氧化性，使得 I-SPI 隔膜发生氧化，从而在浸泡液中生成少量的 V(Ⅳ),这与前期的研究结果[14,15]吻合。探究不同 V(Ⅴ)和 H_2SO_4 浓度对 I-SPI 隔膜的影响,对比结果如图 8-11 所示。浸泡液中所产生的 V(Ⅳ)浓度在最初 10 h 内迅速增加，随后增长速率变得缓慢。同时浸泡液中所生成的 V(Ⅳ)浓度在相同时间内随 V(Ⅴ)和 H_2SO_4 浓度的增加而增加，说明 V(Ⅴ)和 H_2SO_4 在 V(Ⅴ)被还原的过程中起重要作用，且 V(Ⅴ)和 H_2SO_4 浓度的增加均会加速此氧化还原反应。

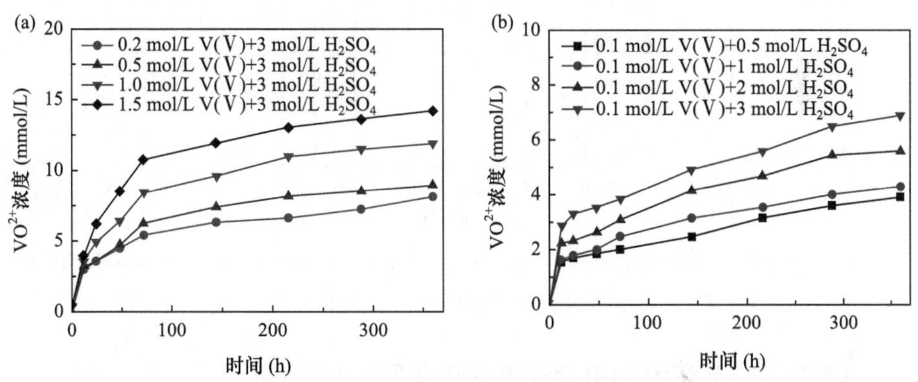

图 8-11　被 I-SPI 膜还原而生成的 VO^{2+}浓度随时间的变化：(a)浸泡液中 H_2SO_4 浓度相同，但 V(Ⅴ)浓度不同；(b)浸泡液中 V(Ⅴ)浓度相同，但 H_2SO_4 浓度不同

8.2.6　I-SPI 隔膜的机械性能分析

为了进一步研究浸泡溶液种类对 I-SPI 隔膜降解过程的影响，对初始 I-SPI 隔膜和非原位降解后的 I-SPI 隔膜的机械性能进行对比，结果如图 8-12 所示。在三种不同的浸泡溶液中，I-SPI 隔膜的机械强度均随浸泡时间的延长而明显下降，这主要是由于聚合物主链的断裂(如表 8-1 所示)。不过，浸泡在去离子水中的 I-SPI 隔膜比浸泡在酸性 V(Ⅴ)和 H_2SO_4 溶液中的保持更高的机械强度，该结果与表 8-2 中的黏均分子量一致，这表明 V(Ⅴ)和 H_2SO_4 的存在将加速 I-SPI 隔膜的降解。

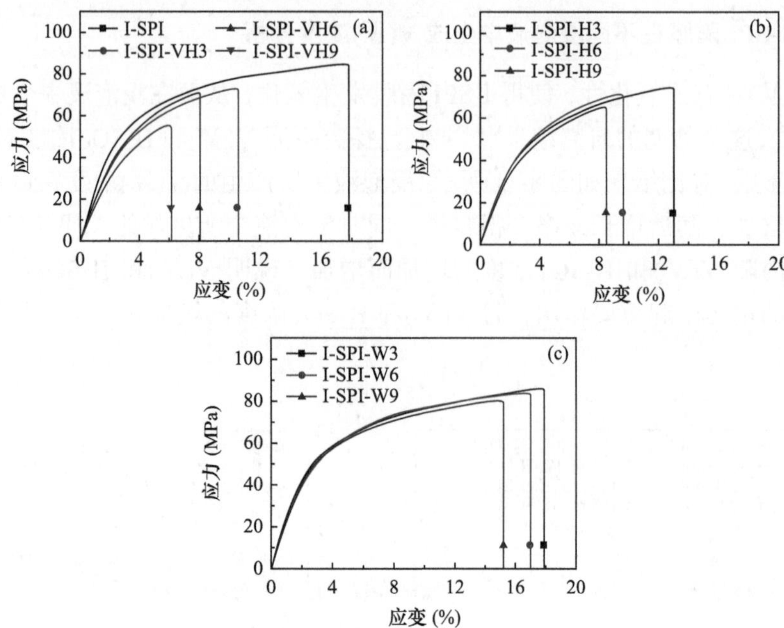

图 8-12　在不同浸泡液中浸泡后膜的应力-应变曲线：(a)1.5 mol/L VO_2^+ + 3.0 mol/L H_2SO_4；(b)3.0 mol/L H_2SO_4；(c)去离子水

8.2.7　I-SPI 膜和 I-SPI(P3)-H 低聚物的降解产物结构分析

^{1}H NMR 图谱被用于研究隔膜在不同浸泡液中非原位降解后的化学结构变化，结果如图 8-13 所示。ODA 的峰在降解后保持了初始的强度和位置，这与 I-SPI 隔膜在原位降解后的结果一致。I-SPI-VH15 隔膜的 ^{1}H NMR 图谱[图 8-13(b)]显示，8.05 ppm、7.75 ppm 和 7.41 ppm 处(H4、H5 和 H6)的峰较图 8-13(a)有所变宽，证实降解后 BDSA 的氢原子的化学环境发生了改变。同时，H4、H5 和 H6 的化学位移从图 8-13(a)中的 8.05 ppm、7.75 ppm 和 7.41 ppm 偏移至图 8-13(c)中的 8.08 ppm、7.53 ppm 和 7.44 ppm，证实 BDSA 上 H4、H5 和 H6 的化学环境在降解后发生了改变。同时化学位移 12.2 ppm 处的萘羧酸的峰(表 8-1 中可能的降解产物 A 和 B 的 H7 和 H7*)出现在 I-SPI-VH15 和 I-SPI-VH30 隔膜的 ^{1}H NMR 图谱中[图 8-13(b，c)][10]，该结果证实 I-SPI 隔膜的酰亚胺环发生了水解反应。此外，与 I-SPI 隔膜的 ^{1}H NMR 图谱相比，化学位移 8.58～8.60 ppm(表 8-1 中的 Hc～Hf)处的新峰证实了表 8-1 中降解产物 B 的存在。该结果与原位降解实验结果相一致。I-SPI-VH30 隔膜在 8.58～8.63 ppm 的峰比 I-SPI-VH15 隔膜明显增强，因为聚合物主链随着在

酸性 V(Ⅴ)中浸泡时间的延长而降解得更严重。图 8-13(b，c)中化学位移 8.25 ppm 处的峰面积(表 8-1 中的 H4*)比图 8-13(a)略有增加，表明 I-SPI 隔膜降解后其主链上 BDSA 端基的含量(表 8-1 中的产物 C)有所增加。然而，化学位移 5.0 ppm 附近的峰(归属于表 8-1 中可能的水解产物 C 的—NH_2)未观察到，这可能是因为—NH_2 被 V(Ⅴ)氧化。

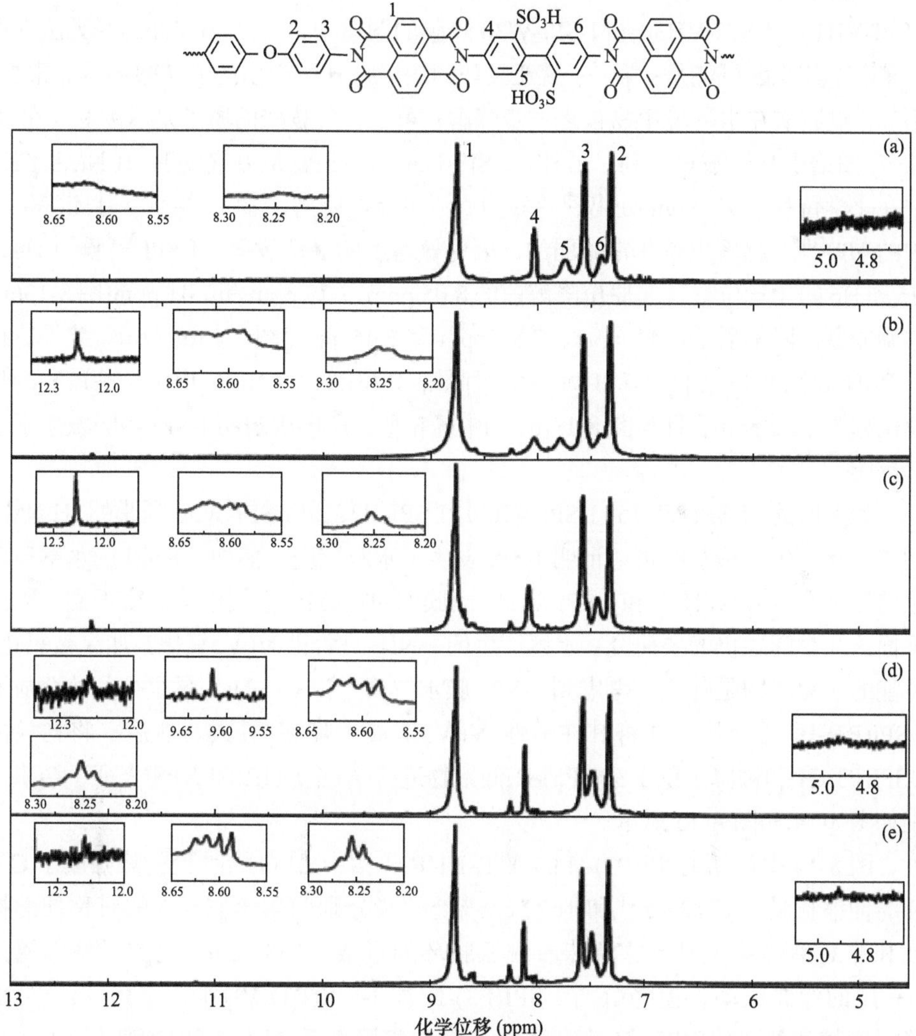

图 8-13　隔膜的 ^{1}H NMR 图谱：(a)I-SPI；(b)I-SPI-VH15；(c)I-SPI-VH30；(d)I-SPI-H30；(e)I-SPI-W30

如图 8-13(d，e)所示，I-SPI-H30 和 I-SPI-W30 隔膜的 ^{1}H NMR 图谱上在 8.25 ppm 处有明显的信号，这是表 8-1 中降解产物 C 的端基 BDSA 的特征峰。与 I-SPI 隔膜在 8.60～8.63 ppm 处的峰相比，I-SPI-H30 和 I-SPI-W30 隔膜相应的峰面积变大，这表明表 8-1 中的降解产物 A 随着降解时间的增加而增加。降解后 8.58～8.60 ppm 处的新峰证实了表 8-1 中降解产物 B 的存在。I-SPI-H30 隔膜的 ^{1}H NMR 图谱在 9.62 ppm 处的峰对应于表 8-1 中降解产物 B 的 H8，然而在 I-SPI-VH15、I-SPI-VH30 和 I-SPI-W30 隔膜的图谱中，9.62 ppm 处的峰无法观察清楚[10]。其原因可能是：第一，酰亚胺环的缓慢打开所产生的酰胺酸的量非常少；第二，酰胺酸在水环境中易被进一步降解；第三，酰胺酸的质子是活泼氢，在 ^{1}H NMR 图谱中难以被表征到。另外，I-SPI-H30 和 I-SPI-W30 隔膜的 ^{1}H NMR 图谱中在化学位移 4.92 ppm 处出现的峰归属于可能的降解产物 C 的氨基基团(表 8-1 中的 H9)[10]，此峰也是非常微弱的，因为氨基上的是活泼氢。I-SPI 隔膜的 H4，H5 和 H6 的化学位移从非原位降解前的 8.05 ppm、7.75 ppm 和 7.41 ppm[图 8-13(a)]移到非原位降解后的 8.11 ppm、7.50 ppm 和 7.46 ppm[图 8-13(d，e)]。此外，在 I-SPI-H30[图 8-13(d)]和 I-SPI-W30 隔膜[图 8-13(e)]的 ^{1}H NMR 谱中，萘羧酸的化学位移为 12.2 ppm，且与图 8-13(b，c)中的相似，这再次表明 I-SPI 隔膜发生了水解反应。

如上所述，I-SPI-VH15、I-SPI-VH30、I-SPI-H30 和 I-SPI-W30 隔膜的 ^{1}H NMR 图谱中新产生的羧基峰可以证明 I-SPI 发生了水解反应。然而，I-SPI 膜水解后产生的氨基在 I-SPI-VH15 和 I-SPI-VH30 隔膜的 ^{1}H-NMR 谱图中均观察不到。因此下面这几个问题仍需要研究：水解产生的—NH_2 是否被 V(Ⅴ)氧化？如果被氧化，可能的氧化产物是什么？考虑到 I-SPI 膜水解后产生的—NH_2 量很少，故合成了 I-SPI(P3)-H 低聚物，并将其在酸性 V(Ⅴ)溶液中降解 1 天，然后，将初始的 I-SPI(P3)-H 和被降解的 I-SPI(P3)-H 低聚物进行 ATR-FTIR 和 XPS 表征，结果分别如图 8-14 和图 8-15 所示。

图 8-14 中初始 I-SPI(P3)-H 的 ATR-FTIR 光谱中 1350 cm^{-1} 处的峰归属于 C—N 的伸缩振动。1712 cm^{-1} 和 1672 cm^{-1} 处的峰分别归属于 C═O 的对称伸缩振动和非对称伸缩振动，这意味着酰亚胺环的形成。1635 cm^{-1} 处的强峰归属于 N—H 的弯曲振动，但降解的 I-SPI(P3)-H[即 I-SPI(P3)-VH)]在 1635 cm^{-1} 处的峰强度较初始 I-SPI(P3)-H 有所下降，意味着降解后 N—H 的含量降低了。此外，I-SPI(P3)-VH 的谱图在 1282 cm^{-1}、1324 cm^{-1} 和 1175 cm^{-1} 出现了新峰，分

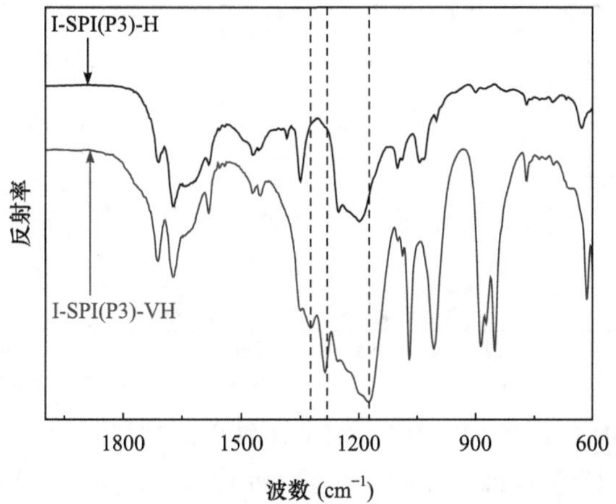

图 8-14　I-SPI(P3)-H 和 I-SPI(P3)-VH 的 ATR-FTIR 光谱

别归属于降解产物中 N═O 的伸缩振动、苯环和氮上孤对电子之间共轭的 C—N 键和亚硝基二聚体的特征吸收峰，该结果表明 I-SPI(P3)-H 水解产生的—NH_2 发生氧化。

对比图 8-15(a)和图 8-15(b)的 C1s 谱，初始和降解的 I-SPI(P3)-H 的 C═C(284.8 eV)和 C═O 的峰(286.4 eV)并未发生明显变化，这表明酰亚胺环中的碳未被氧化。然而，对比图 8-15(c)和图 8-15(d)的 N1s 谱可以发现，和初始 I-SPI(P3)-H 的—N—C═O 峰(400.5 eV)相比，—NH_2(400.1 eV)的峰强度有所降低，而—N═O(402.0 eV)的峰强度有所增加[16,17]。这些结果说明 I-SPI(P3)-H 水解产生的氨基基团发生了氧化，此结论与图 8-14 中 ATR-FTIR 的一致。

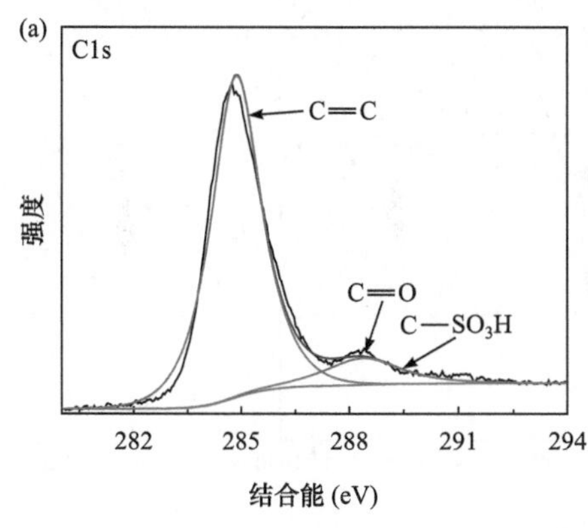

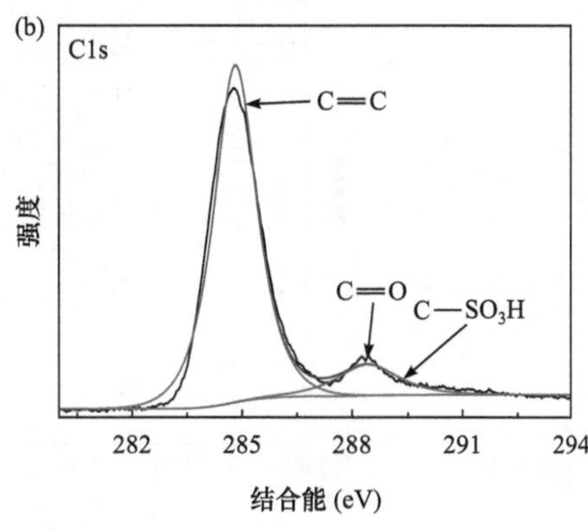

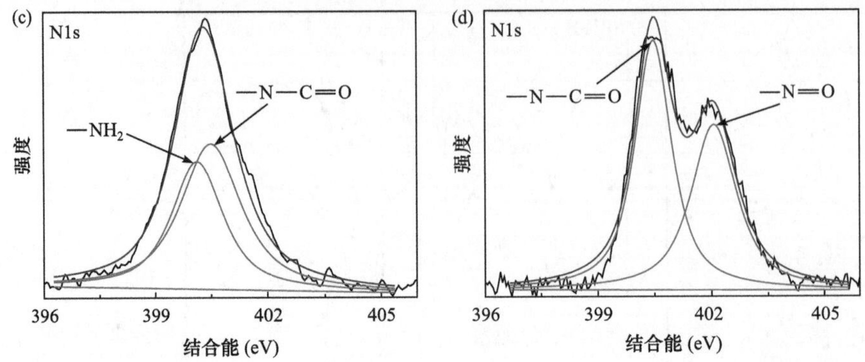

图 8-15　I-SPI(P3)-H 和 I-SPI(P3)-VH 的 XPS C1s 和 N1s 谱图：(a，b)分别为 I-SPI(P3)-H 和 I-SPI(P3)-VH 的 C1s 谱；(c，d)分别为 I-SPI(P3)-H 和 I-SPI(P3)-VH 的 N1s 谱

8.3　支化磺化聚酰亚胺隔膜材料的降解行为分析

8.3.1　b-SPI 隔膜的化学结构分析

通过 ATR-FTIR 研究非原位降解实验过程中 b-SPI 隔膜的化学结构变化，结果如图 8-16 所示。对于初始和降解后的 b-SPI 隔膜，酰亚胺环中 C═O 的不对称伸缩振动峰和对称伸缩振动峰分别出现于 1711 cm^{-1} 和 1667 cm^{-1}[18]，酰亚胺环中 C—N 的不对称伸缩振动峰位于 1345 cm^{-1}，—CF_3 基团的特征峰出现在 1135 cm^{-1}

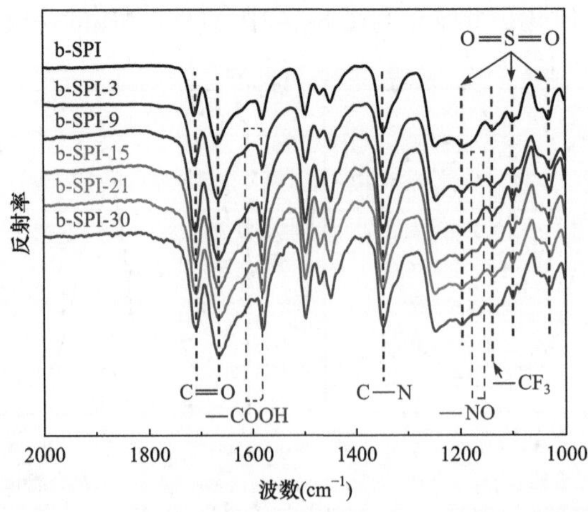

图 8-16　b-SPI、b-SPI-3、b-SPI-9、b-SPI-15、b-SPI-21 和 b-SPI-30 隔膜的 ATR-FTIR 光谱

处，—SO_3H 基团的吸收峰位于 1196 cm^{-1}、1098 cm^{-1} 和 1028 cm^{-1}。然而，降解后 b-SPI 隔膜的 ATR-FTIR 光谱上出现了一些明显的变化。一方面，在 1597 cm^{-1} 处显示出清晰的新吸收峰，这归属于酰亚胺环水解产生的—COOH 基团[19]；另一方面，在 1167 cm^{-1} 处出现的新峰归属于—NO 基团的振动，这表明 b-SPI 隔膜水解后产生的—NH_2 基团可能被进一步氧化[20]。

为了进一步研究 b-SPI 隔膜降解过程中化学结构的演变，对 b-SPI、b-SPI-15 和 b-SPI-30 隔膜进行了 ^{1}H-NMR 表征，结果如图 8-17 所示。与初始 b-SPI 隔膜相比，b-SPI-15 和 b-SPI-30 隔膜在 5.31 ppm、10.95 ppm 和 12.15 ppm 处出现的质子峰可分别归属于—NH_2、—CONH 和—COOH 基团。这表明 b-SPI 隔膜的酰亚胺环的 C—N 键在非原位降解试验期间逐渐断裂[10,20,21]。而 b-SPI-30 膜在 5.31 ppm 和 12.15 ppm 的峰面积大于 b-SPI-15 隔膜的峰面积，这意味着在延长浸泡时间后，b-SPI 隔膜的降解程度更为严重。但 b-SPI-30 隔膜在 10.95 ppm 处的峰面积又小于 b-SPI-15 膜的峰面积，这是由于—CONH 基团进一步分解为—NH_2 和—COOH 基团。可见，ATR-FTIR 和 ^{1}H-NMR 结果均证实 b-SPI 膜在非原位降解过程中发生了水解和氧化。

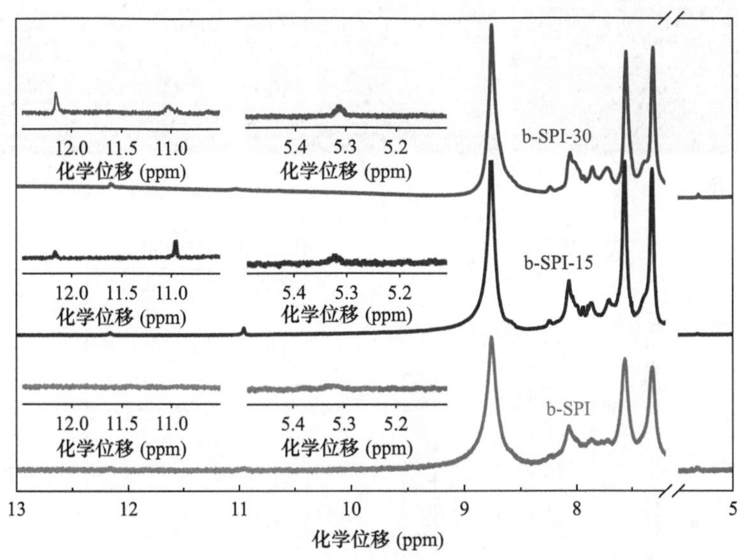

图 8-17　b-SPI、b-SPI-15 和 b-SPI-30 隔膜的 ^{1}H NMR 图谱

8.3.2　b-SPI 隔膜的形貌及机械性能分析

b-SPI、b-SPI-3、b-SPI-9、b-SPI-15、b-SPI-21 和 b-SPI-30 隔膜的微观/宏观形

貌见图 8-18。从图 8-18(a)可以看出，b-SPI 膜表面光滑、致密且无裂缝。在原位降解 3 天后，b-SPI-3 隔膜因浸泡液中 V(Ⅴ)离子的增多而变黄，但其宏观形貌几乎没有变化。然而在非原位降解 9 天后隔膜出现了缺陷，并且其宏观形貌亦发生变化，均一性有所下降，这些结果与 Yuan 等[22]、Sun 等[23]的报道类似。当降解时间增加到 15 天时，隔膜的表面出现腐蚀坑，说明 b-SPI 隔膜发生氧化分解[24]。当原位降解时间延长至 21 天时，隔膜的微观形貌进一步恶化并且出现裂纹。最终，隔膜在 30 天的原位降解后碎裂。

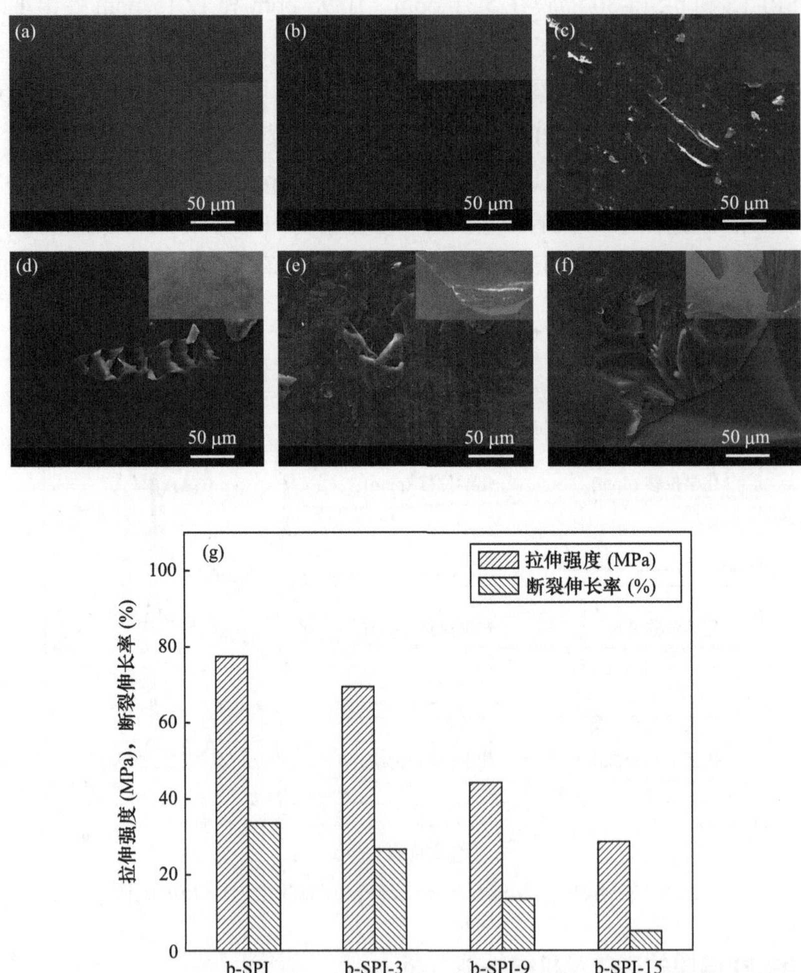

图 8-18　SEM 图和光学插图：(a)b-SPI；(b)b-SPI-3；(c)b-SPI-9；(d)b-SPI-15；(e)b-SPI-21；(f)b-SPI-30 隔膜。(g)b-SPI、b-SPI-3、b-SPI-9 和 b-SPI-15 隔膜的拉伸强度及断裂伸长率

此外，机械性能也是 VFB 循环期间隔膜的关键指标。因此测量并比较了 b-SPI、b-SPI-3、b-SPI-9 和 b-SPI-15 隔膜的机械性能，结果如图 8-18(g)所示。b-SPI 隔膜的拉伸强度和断裂伸长率随着浸泡时间的增加而降低，这是由于分子链断裂并出现形态缺陷[25]。而由于 b-SPI-21 和 b-SPI-30 隔膜均开裂和断裂[见图 8-18(e，f)]，因此无法获得其机械性能。通过形貌和机械性能结果可知，b-SPI 隔膜的降解程度随着浸泡时间的延长而逐渐加剧。

8.3.3　b-SPI 隔膜的化学稳定性与离子交换容量分析

将 1 cm× 4 cm 的 b-SPI 隔膜在 40 ℃下分别浸泡于不同浓度的 V(Ⅴ)+ 3.0 mol/L H_2SO_4 溶液和不同浓度 H_2SO_4 + 0.1 mol/L V(Ⅴ)溶液中，生成的 V(Ⅳ)浓度随时间的变化如图 8-19 所示。从图 8-19(a)可以看出，浸泡液中生成的 V(Ⅳ)浓

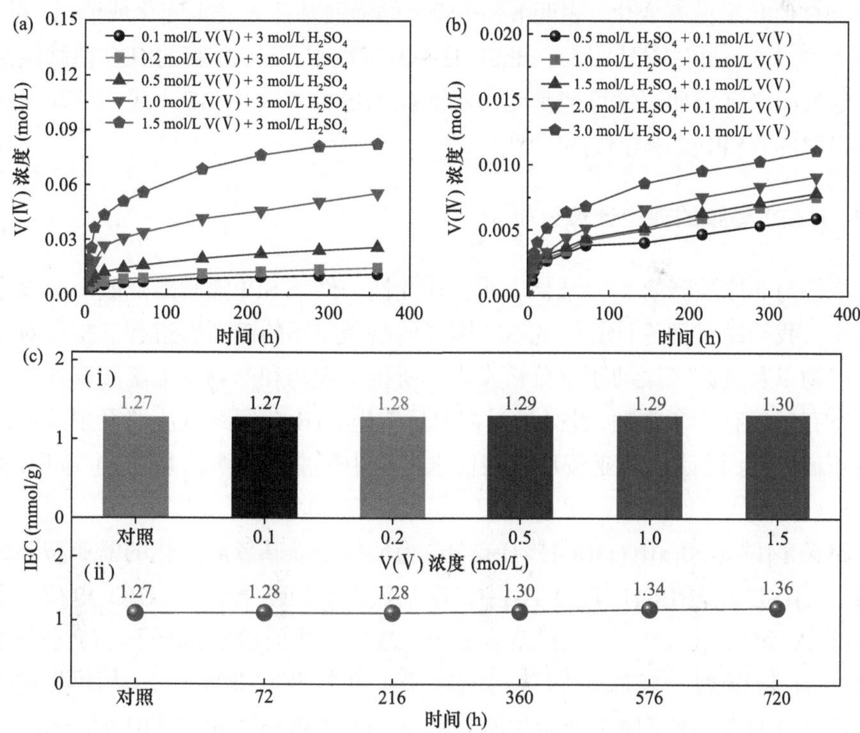

图 8-19　浸泡液中产生的 V(Ⅳ)浓度随时间的变化：(a)b-SPI 隔膜在 40℃下浸泡于不同 V(Ⅴ)浓度+ 3.0 mol/L H_2SO_4溶液中；(b)b-SPI 隔膜在 40℃下浸泡于不同 H_2SO_4浓度 + 0.1 mol/L V(Ⅴ)溶液。(c)b-SPI 膜的 IEC 值：(ⅰ)在 40℃下浸泡于不同 V(Ⅴ)浓度+ 3.0 mol/L H_2SO_4溶液中 15 天；(ⅱ)在 40℃、1.5 mol/L V(Ⅴ)+ 3.0 mol/L H_2SO_4溶液中浸泡不同时间

度随着 V(Ⅴ)浓度的升高而逐渐增加，这表明 V(Ⅴ)浓度的增加可以加速 b-SPI 隔膜的降解。从化学动力学角度分析，在高 V(Ⅴ)浓度下 b-SPI 隔膜水解产生的—NH_2基团能更快速地氧化为—NO 基团，因此可以加速b-SPI隔膜的降解过程[11,26]。此外，浸泡溶液中产生的 V(Ⅳ)浓度随着 H_2SO_4浓度的升高而逐渐增加[图 8-19(b)]，在高 H_2SO_4浓度下，b-SPI 隔膜上的羰基氧更容易被质子化进而加速酰亚胺环开环。在此过程中，产生更多—NH_2 基团，导致浸泡溶液中更多的 V(Ⅴ)还原为 V(Ⅳ)。因此，对于 VFB 的使用，b-SPI 隔膜在正电解液[1.5 mol/L V(Ⅴ)/V(Ⅳ)+ 3.0 mol/L H_2SO_4]中比在负电解液[1.5 mol/L V(Ⅱ)/V(Ⅲ)+ 3.0 mol/L H_2SO_4]中更容易发生降解。

为了研究b-SPI隔膜在降解过程中其磺酸基团的变化情况，将b-SPI膜在40℃下浸入不同浓度的V(Ⅴ)+ 3.0 mol/L H_2SO_4溶液中 15 天后取出测试其 IEC 值[结果如图 8-19(c)所示]。在相同浸泡时间(15 天)的不同浓度的酸性 V(Ⅴ)溶液中，b-SPI 膜的 IEC 值几乎没有变化，表明 b-SPI 膜上的磺酸基并未发生变化或消耗。此外，在 40℃的 1.5 mol/L V(Ⅴ)+ 3.0 mol/L H_2SO_4溶液中，b-SPI 膜的 IEC 值随浸泡时间的延长而略有增加，这可能是因为浸泡液 H_2SO_4 溶液中 SO_4^{2-}或 HSO_4^-离子滞留在降解的 b-SPI 膜中导致的[27,28]。

8.3.4 b-SPI 隔膜的理论计算分析

原位与非原位降解实验结果表明，在酸性条件下 SPI 隔膜酰亚胺环会发生开环反应。我们通过理论计算研究 SPI 隔膜的酰亚胺环的键断裂过程。根据对反应物、产物以及过渡态振动频率分析发现，所得反应物和产物均无虚频存在，所得过渡态有且仅有一个虚频，此外通过内禀反应坐标(IRC)跟踪反应路径来验证过渡态的正确性[5]。设计出酰亚胺环在酸性水溶液中可能的三种降解机制，如图 8-20 所示。

路径Ⅰ[图 8-20(a)]：(1)IR-H$^+$-H_2O-RC 为反应物羰基氧质子化的酰亚胺环和水分子。(2)在过渡态(IR-H$^+$-H_2O-TS)中，羰基氧原子和碳原子的 NBO 电荷分别为 −0.630 eV 和 0.746 eV，亲核试剂水分子进攻质子化的羰基碳原子。(3)水分子中的 O—H 键断裂，氢原子转移到氮原子上并打开酰亚胺环，从而生成产物(IR-H$^+$-H_2O-PC)，该反应正逆活化能分别为 237.17 kJ/mol 和 130.01 kJ/mol。

路径Ⅱ[图 8-20(b)]：(1)IR-H_2O-RC 为反应物酰亚胺环和水分子。(2)在过渡态(IR-H_2O-TS)中，羰基氧原子和碳原子的 NBO 电荷分别为−0.621 eV 和 0.710 eV，亲核试剂水分子进攻羰基碳原子。(3)水分子中的 O—H 键断裂，氢原子转移到氮原子上并打开酰亚胺环，从而生成产物(IR-H_2O-PC)，该反应正逆活化能分别为 266.46 kJ/mol 和 175.69 kJ/mol。

路径Ⅲ[图 8-20(c)]：(1)IR-H_3O^+-RC 为反应物酰亚胺环和水合氢离子 H_3O^+。(2)在过渡态(IR-H_3O^+-TS)中，羰基氧原子和碳原子的 NBO 电荷分别为−0.621 eV 和 0.710 eV，亲核试剂水合氢离子 H_3O^+进攻羰基碳原子。(3)水合氢离子 H_3O^+中的一个氢原子转移到氮原子并打开酰亚胺环，从而生成产物(IR-H_3O^+-PC)，该反应正逆活化能分别为 244.98 kJ/mol 和 180.67 kJ/mol。

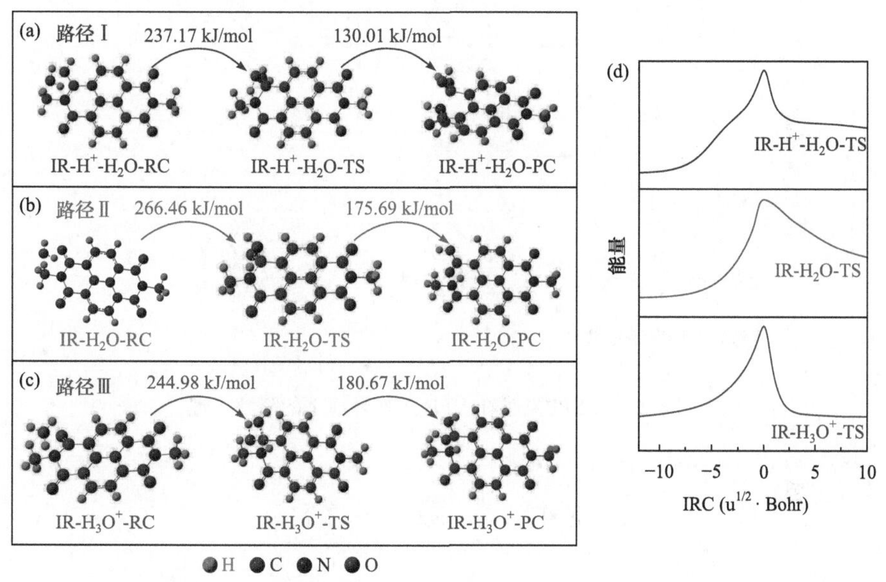

图 8-20 (a～c)酰亚胺开环的三条路径；(d)IR-H^+-H_2O-TS、IR-H_2O-TS 和 IR-H_3O^+-TS 过渡态的 IRC

对过渡态构型优化后进行路径分析得到 IRC，如图 8-20(d)所示。结果表明反应物和产物之间通过过渡态相连接，说明上述路径中的所有过渡态存在合理 IRC[5]。在所有路径中，路径Ⅰ中正向反应的活化能(237.17 kJ/mol)最低，这意味着酰亚胺环的降解最有可能通过路径Ⅰ发生。同时根据 NBO 电荷的值发现，IR-H^+-H_2O-TS 中羰基碳原子的 NBO 电荷最大，最容易受到路径Ⅰ中亲核试剂(H_2O)的攻击[29]。

8.3.5 b-SPI 隔膜的降解机理分析

结合降解实验和理论计算结果，b-SPI 隔膜在 VFB 环境中的降解机理推断如下(图 8-21)：(1)b-SPI 隔膜的水解。首先，羰基的氧原子被质子化，成为强吸电子基团，酰亚胺环上的羰基碳变为强的亲电中心；然后，H_2O 分子充当亲核试剂，攻击羰基碳原子，C—N 键被拉长并形成四面体结构；接着，H_2O 的氢原子转移到酰亚胺的氮原子，酰亚胺键被破坏，发生加成反应；最后，质子离开羰基的氧原子，聚酰亚胺水解生成聚酰胺酸。(2)b-SPI 隔膜的氧化。在浸泡液中，氨基被 V(Ⅴ)氧化为亚硝基，同时 V(Ⅴ)被还原为 V(Ⅳ)。

步骤1：b-SPI隔膜的水解

步骤2：b-SPI隔膜的氧化

$$\sim NH_2 + V(\text{V}) + H^+ \longrightarrow \sim NO + V(\text{IV}) + H_2O$$

图 8-21　b-SPI 隔膜在 VFB 工作环境下的降解机理

8.4　本 章 小 结

本章制备了面向 VFB 应用的 I-SPI 隔膜和 b-SPI 隔膜，采用原位和非原位降解实验模拟隔膜在 VFB 循环运行中的降解过程，并在降解实验结果的基础上通过理论计算探究了 SPI 隔膜的降解机理。结果表明，原位和非原位降解后的 SPI 隔膜的化学稳定性和机械性能下降，形貌也出现了不同程度的破坏甚至出现裂纹。经过 ^1H NMR、ATR-FTIR 和 XPS 分析，SPI 隔膜中的磺酸基团未被降解，但酰亚胺环发生了水解反应并生成—NO。因此，利用密度泛函理论研究 SPI 隔膜中酰亚胺环的键断裂过程。最后，推断出 SPI 隔膜的降解步骤如下：(1)羰基的氧原子被质子化；(2)羰基的碳原子被 H_2O 分子攻击；(3)酰亚胺键断裂，聚酰亚胺水解产生聚酰胺酸；(4)氨基被氧化为亚硝基。本章内容对了解 SPI 隔膜在 VFB 环境中的降解过程起了重要作用，并为优化 SPI 隔膜的分子结构提供了一定的理论基础。

参 考 文 献

[1] Yang P, Xuan S S, Long J, Wang Y L, Zhang Y P, Zhang H P. Fluorine-containing branched sulfonated polyimide membrane for vanadium redox flow battery applications. ChemElectroChem, 2018, 5: 3695-3707.

[2] Zhang Y, Shen W, He R X, Liu X R, Li M. Molecular design of copolymers based on polyfluorene derivatives for bulk-heterojunction-type solar cells. J Mater Sci, 2013, 48: 1205-1213.

[3] Cao N L, Olga V D, Vu H Y, Alexander N Z, Pavel N N. Modeling of butyric acid recognition by molecular imprinted polyimide. J Mol Model, 2020, 26: 194-200.

[4] Muñoz D M, De la Campa J G, De Abajo J, Lozano A E. Experimental and theoretical study of an improved activated polycondensation method for aromatic polyimides. Macromolecules, 2007, 40: 8225-8232.

[5] Hu Y D, Yan L M, Yue B H. Chain-scission degradation mechanisms during sulfonation of aromatic polymers for PEMFC applications. Chem Phys, 2021, 541: 111049.

[6] Panchenko A. DFT investigation of the polymer electrolyte membrane degradation caused by OH radicals in fuel cells. J Membr Sci, 2020, 278: 269-278.

[7] Agar E, Benjamin A, Dennison C R, Chen D, Hickner M A, Kumbur E C. Reducing capacity fade in vanadium redox flow batteries by altering charging and discharging currents. J Power Sources, 2014, 246: 767-774.

[8] Agar E, Knehr K W, Chen D, Hickner M A, Kumbur E C. Species transport mechanisms governing capacity loss in vanadium flow batteries: Comparing Nafion® and sulfonated Radel membranes. Electrochim Acta, 2013, 98: 66-74.

[9] Sun J W, Li X F, Xi X L, Lai Q Z, Liu T, Zhang H M. The transfer behavior of different ions across anion and cation exchange membranes under vanadium flow battery medium. J Power Sources, 2014, 271: 1-7.

[10] Yuan Z Z, Li X F, Duan Y Q, Zhao Y Y, Zhang H M. Application and degradation mechanism of polyoxadiazole based membrane for vanadium flow batteries. J Membr Sci, 2015, 488: 194-202.

[11] Yuan Z Z, Li X F, Hu J B, Xu W X, Cao J Y, Zhang H M. Degradation mechanism of sulfonated poly(ether ether ketone) (SPEEK) ion exchange membranes under vanadium flow battery medium. Phys Chem Chem Phys, 2014, 16: 19841-19847.

[12] Genies C, Mercier R, Sillion B, Petiaud R, Cornet N, Gebel G, Pineri M. Stability study of sulfonated phthalic and naphthalenic polyimide structures in aqueous medium. Polym, 2001, 42: 5097-5105.

[13] Blachot J F, Diat O, Putaux J, Rollet A, Rubatat L, Vallois C, Mueller M, Gebel G. Anisotropy of structure and transport properties in sulfonated polyimide membranes. J Membr Sci, 2003, 214: 31-42.

[14] Li J C, Zhang Y P, Zhang S, Huang X D. Sulfonated polyimide/s-MoS_2 composite membrane with high proton selectivity and good stability for vanadium redox flow battery. J Membr Sci, 2015, 490: 179-189.

[15] Zhang S, Li J C, Huang X D, Zhang Y P, Zhang Y D. Sulfonated poly(imide-siloxane) membrane as a low vanadium ion permeable separator for a vanadium redox flow battery. Polym J, 2015, 47: 701-708.

[16] Ang A K S, Kang E T, Neoh K G, Tan K L. Low-temperature graft copolymerization of 1-vinyl imidazole on polyimide films with simultaneous lamination to copper foils-effect of crosslinking agents. Polym, 2000, 41: 489-498.

[17] Jouan P Y, Peignon M C, Cardinoud C, Lempérière G. Characterisation of TiN coatings and of the TiN/Si interface by X-ray photoelectron spectroscopy and Auger electron spectroscopy. Appl Surf Sci, 1993, 68: 595-603.

[18] Wang L, Yu L H, Mu D, Yu L W, Wang L, Xi J Y. Acid-base membranes of imidazole-based sulfonated polyimides for vanadium flow batteries. J Membr Sci, 2018, 552: 167-176.

[19] Müller M, Wirth L, Urban B. Determination of the carboxyl dissociation degree and pK_a value of mono and polyacid solutions by FTIR titration. Macromol Chem Phys, 2021, 222: 2000334.

[20] Huang X D, Pu Y, Zhou Y Q, Zhang Y P. Zhang H P. *In-situ* and *ex-situ* degradation of sulfonated polyimide membrane for vanadium redox flow battery application. J Membr Sci, 2017, 526: 281-292.

[21] Schab-Balcerzak E, Skorus B, Siwy M, Janeczek H, Sobolewska A, Konieczkowska J, Wiacek M. Characterization of poly(amic acid)s and resulting polyimides bearing azobenzene moieties including investigations of thermal imidization kinetics and photoinduced anisotropy. Polym Int, 2015, 64: 76-87.

[22] Yuan Z Z, Li X F, Zhao Y Y, Zhang H M. Mechanism of polysulfone-based anion exchange membranes degradation in vanadium flow battery. ACS Appl Mater Interfaces, 2015, 7: 19446-19454.

[23] Sun X Y, Shi S W, Fu Y J, Chen J, Lin Q, Hu J Q, Li C, Li J Y. Embrittlement induced fracture behavior and mechanisms of perfluorosulfonic-acid membranes after chemical degradation. J Power Sources, 2020, 453: 227893.

[24] Tang H L, Shen P K, Jiang S P, Wang F, Pan M. A degradation study of Nafion proton exchange membrane of PEM fuel cells. J Power Sources, 2007, 170: 85-92.

[25] Wei H B, Chen G F, Cao L J, Zhang Q J, Yan Q, Fang X Z. Enhanced hydrolytic stability of sulfonated polyimide ionomers using bis(naphthalic anhydrides) with low electron affinity. J Mater Chem A, 2013, 1: 10412-10421.

[26] Xing Y, Liu L, Wang C Y, Li N W. Side-chain-type anion exchange membranes for vanadium flow battery: Properties and degradation mechanism. J Mater Chem A, 2018, 6: 22778-22789.

[27] Sukkar T, Skyllas-Kazacos M. Membrane stability studies for vanadium redox cell applications. J Appl Electrochem, 2004, 34: 137-145.

[28] Chen D Y, Hickner M A. V^{5+} degradation of sulfonated Radel membranes for vanadium redox flow batteries. Phys Chem Chem Phys, 2013, 15: 11299-11305.

[29] Xu W J, Long J, Liu J, Luo H, Duan H R, Zhang Y P, Li J C, Qi X J, Chu L Y. A novel porous polyimide membrane with ultrahigh chemical stability for application in vanadium redox flow battery. Chem Eng J, 2022, 428: 131203.